점프
왕수학

최상위 5%
도약을 위한

최상위

대한민국 수학학력평가의 새로운 기준!!

KMA
한국수학학력평가

| **시험일자** 상반기 | 매년 6월 셋째주
하반기 | 매년 11월 셋째주

| **응시대상** 초등 1년 ~ 중등 3년 (미취학생 및 상급학년 응시 가능)

| **응시방법** KMA 홈페이지 접수 또는 각 지역별 학원접수처 방문 접수
성적우수자 특전 및 시상 내역 등 기타 자세한 사항은 KMA 홈페이지를 참조하세요.

홈페이지 바로가기
(www.kma-e.com)

▶ 본 평가는 100% 오프라인 평가입니다.

주최 | 한국수학학력평가연구원   주관 | (주)에듀왕

점프 왕수학

최상위 5%
도약을 위한

최상위

1-1

구성과 특징

왕수학의 특징

1. 왕수학 개념+연산 → 왕수학 기본 → 왕수학 실력 → 점프 왕수학 최상위 순으로 단계별·난이도별 학습이 가능합니다.

2. 개정교육과정 100% 반영하였습니다.

3. 기본 개념 정리와 개념을 익히는 기본문제를 수록하였습니다.

4. 문제 해결력을 키우는 다양한 창의사고력 문제를 수록하였습니다.

5. 논리력 향상을 위한 서술형 문제를 강화하였습니다.

STEP 3

왕문제

교과 내용 또는 교과서 밖에서 다루어지는 새로운 유형의 문제들을 폭넓게 다루어 교내의 각종 고사 및 경시대회에 대비하도록 하였습니다.

STEP 2

핵심응용하기

단원의 대표 유형 문제를 뽑아 풀이에 맞게 풀어 본 후, 확인 문제로 대표적인 유형을 확실하게 정복할 수 있도록 하였습니다.

STEP 1

핵심알기

단원의 핵심 내용을 요약한 뒤 각 단원에 직접 연관된 정통적인 문제와 기본 원리를 묻는 문제들로 구성하고 'Jump 도우미'를 주어 기초를 확실하게 다지도록 하였습니다.

STEP 5

영재교육원 입시대비문제

영재교육원 입시에 대한 기출
문제를 비교 분석한 후 꼭 필요한
문제들을 정리하여 풀어봄으로써
실전과 같은 연습을 통해 학생
들의 창의적 사고력을 향상시켜
실제 문제에 대비할 수 있게
하였습니다.

STEP 4

왕중왕문제

국내 최고수준의 고난이도 문제들
특히 문제해결력 수준을 평가할 수
있는 양질의 문제만을 엄선하여
전국 경시대회, 세계수학올림피아드
등 수준 높은 대회에 나가서도 두려움
없이 문제를 풀 수 있게 하였습니다.

차례 | Contents

💬 이야기 수학

🏠 수 5

우리 주변에 다섯 개로 이루어진 것들에는 어떤 것들이 있는지 한 번 생각해 볼까요?

먼저 한 손에 있는 손가락이 **5**개, 한 발에 있는 발가락이 **5**개입니다.

우리나라 꽃 무궁화의 꽃잎도 **5**장으로 이루어져 있고, 농구 경기에서 한 팀의 선수의 수도 **5**명입니다.

또, 옛날에 알려진 행성도 화성, 수성, 목성, 금성, 토성의 **5**개뿐이었다고 합니다.

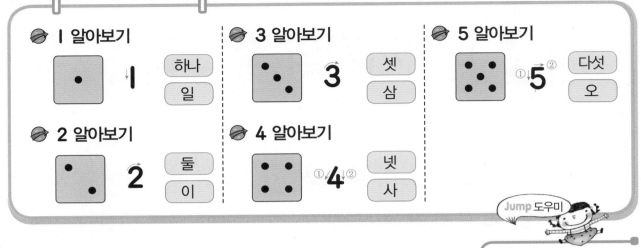

🏀 **1 알아보기**
• 1   하나 / 일

🏀 **2 알아보기**
2   둘 / 이

🏀 **3 알아보기**
3   셋 / 삼

🏀 **4 알아보기**
①↘4↓② 넷 / 사

🏀 **5 알아보기**
①→5② 다섯 / 오

> Jump 도우미

1 그림을 세어 알맞은 수를 쓰고, 두 가지 방법으로 읽어 보세요.

쓰기	읽기

넷, 다섯을 수로 나타낼 때에는 **4**, **5**라고 씁니다.

2 다음 그림에서 버섯과 가지 중 **4**개인 것은 무엇인가요?

버섯과 가지의 수를 각각 세어 봅니다.

3 그림의 개수만큼 ○를 그려 보세요.

🐕	
🚲	

장난감 강아지와 자전거의 수를 각각 세어 봅니다.

Jump ② 핵심응용하기

핵심 응용 효심이와 기영이는 주사위 던지기 놀이를 하였습니다. 효심이가 던져 나온 주사위의 눈은 **4**개이고, 기영이가 던져 나온 주사위의 눈은 **2**개입니다. 누가 던져 나온 주사위 눈이 몇 개 더 많은가요?

> 생각열기 효심이와 기영이가 던져 나온 주사위의 눈을 그림으로 그려 생각합니다.

풀이 효심이가 던져 나온 주사위의 눈의 수 : ☐ 개

기영이가 던져 나온 주사위의 눈의 수 : ☐ 개

기영이가 던져 나온 주사위의 눈을 효심이가 던져

나온 주사위의 눈 위에 묶어 보면 묶음 밖으로 나와 있는 것은 ☐ 개입니다.

따라서 ☐ 이의 주사위의 눈이 ☐ 개 더 많습니다.

효심   기영

답 _____

 1 소미는 세발자전거를 **1**대 가지고 있고, 서우는 두발자전거를 **1**대 가지고 있습니다. 소미와 서우가 가지고 있는 자전거의 바퀴는 모두 몇 개인가요?

 2 서우는 사탕을 **5**개 가지고 있고, 송이는 사탕을 **3**개 가지고 있습니다. 서우는 송이보다 사탕을 몇 개 더 많이 가지고 있나요?

 3 유승이와 서우는 가위바위보를 했습니다. 유승이는 주먹을 내고, 서우는 보를 냈습니다. 펼쳐진 손가락은 모두 몇 개인가요?

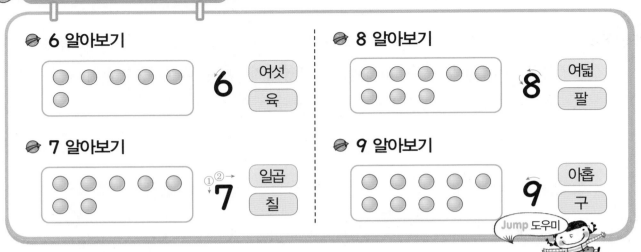

6 알아보기

6 여섯 육

7 알아보기

①②→ 7 일곱 칠

8 알아보기

8 여덟 팔

9 알아보기

9 아홉 구

Jump 도우미

1 관계있는 것끼리 선으로 이어 보세요.

8 · · 여덟 · · 육

6 · · 여섯 · · 팔

2 왼쪽의 수만큼 색칠하세요.

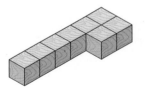

7

3 쌓기나무는 모두 몇 개인가요?

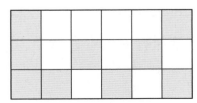

⭐ 쌓기나무를 직접 쌓고 세어
봅니다.

4 색칠된 곳은 모두 몇 칸인가요?

핵심 응용 쌓기나무의 수가 다른 하나를 찾아 기호를 쓰세요. (단, 보이지 않는 쌓기나무는 없습니다.)

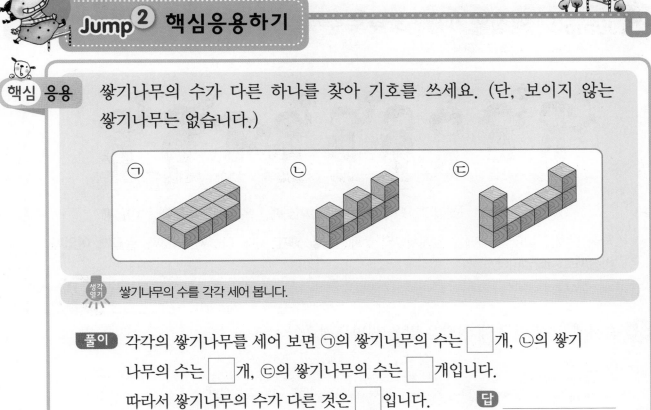

생각 열기 쌓기나무의 수를 각각 세어 봅니다.

풀이 각각의 쌓기나무를 세어 보면 ㉠의 쌓기나무의 수는 ☐개, ㉡의 쌓기나무의 수는 ☐개, ㉢의 쌓기나무의 수는 ☐개입니다.
따라서 쌓기나무의 수가 다른 것은 ☐입니다. 답 _____

 1 재우가 왼쪽의 수만큼 색칠한 것입니다. 올바르게 색칠했습니까? 그렇지 않다면 그 이유를 써 보세요.

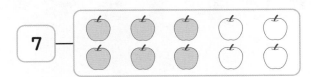

 2 서우, 기영, 고운이는 가위바위보 놀이를 하였습니다. 세 사람이 펼친 손가락의 개수는 모두 9개입니다. 가위를 낸 사람은 몇 명인가요?

3 유승이는 사탕을 8개 가지고 있습니다. 소미는 유승이보다 1개 더 적게 가지고 있고, 송이는 소미보다 2개 더 많이 가지고 있습니다. 사탕을 가장 많이 가지고 있는 사람은 누구이며, 몇 개를 가지고 있나요?

첫째   둘째   셋째   넷째   다섯째   여섯째   일곱째   여덟째   아홉째

차례 순서를 나타낼 때에는 앞에서부터 첫째, 둘째, 셋째, 넷째, 다섯째, 여섯째, 일곱째, 여덟째, 아홉째로 나타냅니다.

① 순서에 맞게 빈 곳에 알맞은 말을 써넣으세요.

둘째 ─ ⬭ ─ 넷째 ─ ⬭ ─ 여섯째

② 왼쪽에서부터 여섯째 동물에 ○표 하세요.

Jump 도우미

★ 왼쪽에서부터 첫째는 강아지입니다.

③ ☐ 안에 알맞은 말을 써넣으세요.

일곱째와 아홉째 사이에 있는 순서는 ☐ 입니다.

④ 차례 순서에 맞게 선으로 이어 보세요.

핵심 응용 버스 정류장에 **9**명의 학생들이 한 줄로 서서 버스를 기다리고 있습니다. 효심이의 앞에는 **5**명의 학생이 서 있습니다. 효심이는 앞에서부터 몇째에 서 있고, 효심이의 뒤에는 몇 명이 서 있나요?

생각열기 차례 순서를 생각해 봅니다.

풀이 **9**명의 학생들이 한 줄로 서 있으므로 앞에서부터 순서대로

첫째 – 둘째 – 셋째 – 넷째 – 다섯째 – ☐ – 일곱째 – ☐ – 아홉째

입니다. 효심이의 앞에 있는 **5**명은 첫째부터 ☐ 까지이므로 효심이는

앞에서부터 ☐ 에 서 있고, 효심이의 뒤에 서 있는 사람은 일곱째,

☐, 아홉째에 있는 ☐ 명입니다.

답 _____

 확인 **1** 고운이는 친구들과 함께 놀이공원에 갔습니다. 모인 친구들의 키를 재어 보았더니 고운이는 가장 큰 쪽부터는 다섯째이고, 가장 작은 쪽부터는 첫째입니다. 놀이공원에 간 사람은 모두 몇 명인가요?

 확인 **2** 약수터에서 물을 마시기 위해 **9**명이 한 줄로 서 있습니다. 셋째와 여덟째 사이에는 몇 명이 있나요?

 확인 **3** 서우와 기영이는 같은 아파트에 살고 있습니다. 서우는 **2**층, 기영이는 **8**층에 살고 있습니다. 서우네 집에서 기영이네 집에 가려면 몇 층을 더 올라가야 하나요?

◉ 수의 순서대로 놓아 보기

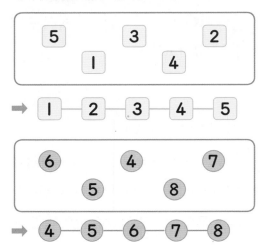

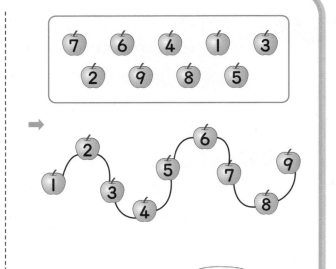

Jump 도우미

1 수의 순서에 맞도록 □ 안에 알맞은 수를 써넣으세요.

(1) 1 – 2 – □ – 4 – □ – 6

(2) 3 – □ – 5 – □ – □ – 8

2 수의 순서가 바른 것을 모두 찾아 ( ) 안에 ○표 하세요.

(1) 3, 5, 1, 2, 4, 6, 7 (   )

(2) 2, 3, 4, 5, 6, 7, 8 (   )

(3) 9, 8, 5, 7, 6, 4, 3 (   )

(4) 3, 4, 5, 6, 7, 8, 9 (   )

★ 1부터 9까지의 수의 순서
1 – 2 – 3 – 4 – 5 – 6
– 7 – 8 – 9

3 수의 순서를 거꾸로 하여 수를 써 보세요.

(1)

(2)

(3) ◯—◯—④—◯—②

Jump 2 핵심응용하기

핵심 응용 글이 완성되도록 풍선에 1부터 5까지의 수를 순서대로 써넣으세요.

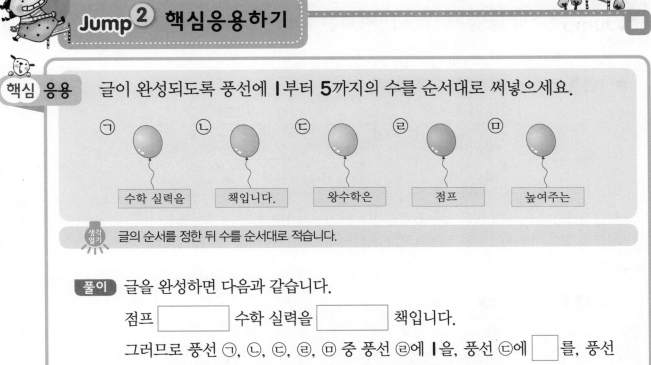

⊙ 수학 실력을   ⊙ 책입니다.   ⊙ 왕수학은   ⊙ 점프   ⊙ 높여주는

생각열기 글의 순서를 정한 뒤 수를 순서대로 적습니다.

풀이 글을 완성하면 다음과 같습니다.

점프 ☐☐☐☐ 수학 실력을 ☐☐☐☐ 책입니다.

그러므로 풍선 ㉠, ㉡, ㉢, ㉣, ㉤ 중 풍선 ㉣에 **1**을, 풍선 ㉢에 ☐를, 풍선 ㉠에 ☐을, 풍선 ☐에 **4**를, 풍선 ㉡에 ☐를 써넣습니다.

확인 1 수를 순서대로 연결해 보세요.

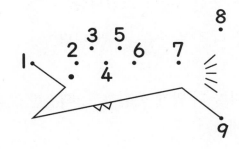

확인 2 수를 순서대로 썼습니다. ▲는 어떤 수인가요?

1, 2, 3, ■, ▲, ●, 7, 8, 9

확인 3 사물함의 번호를 수의 순서대로 써넣으세요.

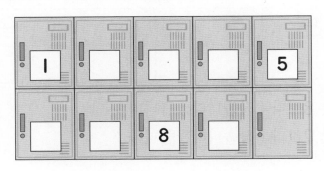

◉ I 만큼 더 큰 수와 I 만큼 더 작은 수

I 만큼 더 작은 수   I 만큼 더 큰 수

   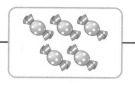 

• 사탕 **5**개보다 하나 더 많은 것은 **6**개입니다. ➡ **5**보다 **I** 만큼 더 큰 수는 **6**입니다.
• 사탕 **5**개보다 하나 더 적은 것은 **4**개입니다. ➡ **5**보다 **I** 만큼 더 작은 수는 **4**입니다.

◉ 0 알아보기

    2   I   0

• 아무것도 없는 것을 **0**이라 쓰고, 영이라고 읽습니다.
• **I** 보다 **I** 만큼 더 작은 수를 **0**이라고 합니다.

 0

Jump 도우미

1 ☐ 안에 알맞은 수를 써넣으세요.

   (1) **7**보다 **I** 만큼 더 큰 수는 ☐ 입니다.

   (2) **9**보다 **I** 만큼 더 작은 수는 ☐ 입니다.

★ I 만큼 더 큰 수는 하나 더 많은 것이고, I 만큼 더 작은 수는 하나 더 적은 것입니다.

2 왼쪽 그림보다 하나 더 많게 색칠하고, 색칠한 것의 수를 빈 곳에 써넣으세요.

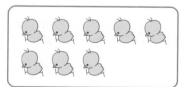    ─ ☐

3 왼쪽의 수만큼 △를 그리고, 알맞은 말에 ○표 하세요.

7								
8								

   (1) **7**은 **8**보다 (작습니다 , 큽니다).

   (2) **8**은 **7**보다 (작습니다 , 큽니다).

★ 하나씩 짝지었을 때 남는 쪽의 수가 크고, 모자라는 쪽의 수가 작습니다.

핵심 응용 고운이의 오른손에는 구슬이 **2**개 있습니다. 왼손에는 오른손보다 하나 더 많은 구슬을 쥐었다면, 고운이는 왼손에 몇 개의 구슬을 쥐고 있나요?

생각
열기 둘보다 하나 더 많은 것은 얼마인지 알아봅니다.

풀이 고운이의 오른손에는 구슬이 ☐개 있고, 왼손에는 오른손에 있는 구슬

보다 ☐개 더 많습니다.

따라서 **2**보다 하나 더 많은 것은 ☐이므로 고운이는 왼손에 ☐개의

구슬을 쥐고 있습니다.

답 _____

 1 가운데 수보다 Ⅰ만큼 더 작은 수는 왼쪽에 쓰고, Ⅰ만큼 더 큰 수는 오른쪽에 써 보세요.

☐ ──── 4 ──── ☐

 2 바구니에 사과는 **5**개, 배는 사과보다 하나 더 적게 넣었습니다. 바구니에 넣은 배는 몇 개인가요?

 3 서우, 준우, 미루는 각각 구슬을 몇 개씩 가지고 있습니다. 서우가 가지고 있는 구슬은 **2**개, 준우는 서우보다 하나 더 많이 가지고 있고, 미루는 준우보다 하나 더 많이 가지고 있습니다. 미루는 몇 개의 구슬을 가지고 있나요?

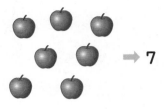 ➡ **7**　　　　　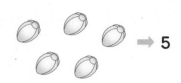 ➡ **5**

- 사과는 참외보다 많습니다. ➡ **7**은 **5**보다 큽니다.
- 참외는 사과보다 적습니다. ➡ **5**는 **7**보다 작습니다.

 Jump 도우미

1 바르게 연결해 보고 □ 안에 알맞은 수를 써넣으세요.

☆☆☆　·　　　·　6

☆☆☆☆☆☆☆　·　　　·　3

　　　┌ **6**은 □보다 큽니다.
　　　└ □은 **6**보다 작습니다.

♥는 ▲보다 큽니다.
→ ▲는 ♥보다 작습니다.

2 더 큰 수에 ○표 하세요.

(1) 5　9　　　　(2) 8　4

3 더 작은 수에 △표 하세요.

(1) 2　6　　　　(2) 7　3

4 알맞은 말에 ○표 하세요.

(1) **9**는 **7**보다 (큽니다, 작습니다).
(2) **6**은 **9**보다 (큽니다, 작습니다).

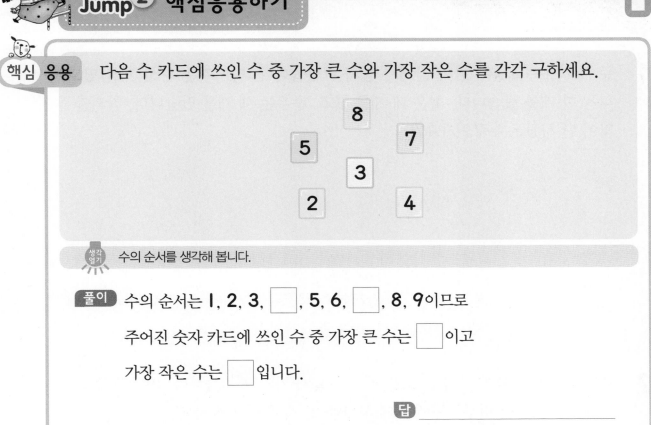

핵심 응용 다음 수 카드에 쓰인 수 중 가장 큰 수와 가장 작은 수를 각각 구하세요.

8

5   7

3

2   4

생각열기 수의 순서를 생각해 봅니다.

풀이 수의 순서는 1, 2, 3, ☐, 5, 6, ☐, 8, 9이므로

주어진 숫자 카드에 쓰인 수 중 가장 큰 수는 ☐이고

가장 작은 수는 ☐입니다.

답 _____

  1 가장 큰 수에 ○표, 가장 작은 수에 △표 하세요.

9   6   3   8   2   1

  2 3보다 큰 수를 모두 찾아 ○표 하세요.

1   5   2   3   7

  3 5보다 큰 수 중 가장 작은 수는 얼마인가요?

  4 8보다 작은 수 중 가장 큰 수는 얼마인가요?

1 준우네 가족 **4**명은 참외 밭에서 참외를 땄습니다. 아버지는 다섯 개를 땄고, 어머니는 한 개를 땄습니다. 형은 네 개를 땄고, 준우는 세 개를 땄습니다. 참외를 둘째로 많이 딴 사람은 누구인가요?

2 사과를 미루는 **8**개 가지고 있고, 준우는 **4**개 가지고 있습니다. 미루와 준우의 사과 수가 같아지려면 미루는 준우에게 사과를 몇 개 주어야 할까요?

3 몸무게가 가장 무거운 어린이부터 **7**명의 어린이가 한 줄로 서 있습니다. 지우가 앞에서 둘째에 서 있다면, 몸무게가 가장 가벼운 어린이부터 줄을 다시 설 때, 지우는 앞에서 몇째에 서게 되나요?

4 송이는 지하 **2**층에 있는 주차장부터 **5**층에 있는 아버지 사무실까지 걸어서 올라갔습니다. 송이가 걸어서 올라간 층수는 모두 몇 층인가요?

5 오른쪽 그림은 쌓기나무를 쌓아서 만든 모양입니다. **2**층과 **5**층 사이에 쌓여 있는 쌓기나무는 모두 몇 개인가요?
(단, 보이지 않은 쌓기나무는 없습니다.)

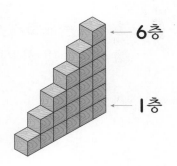

6 다음 수들을 가장 작은 수부터 순서대로 늘어놓을 때, 셋째에 오는 수를 구해 보세요.

7 몇 명의 어린이들이 운동장에 한 줄로 서 있습니다. 미루는 뒤에서 일곱째, 앞에서 셋째에 서 있습니다. 운동장에 서 있는 어린이는 모두 몇 명인가요?

8 효심이는 도토리 여섯 개와 밤 한 개를 가지고 있습니다. 고운이가 도토리 세 개를 효심이의 밤 한 개와 바꾼다면, 효심이의 도토리는 모두 몇 개가 되나요?

9 다음과 같이 서우는 **0**부터 **2**씩 큰 수를 순서대로 **3**개 쓰고, 준우는 **0**부터 **3**씩 큰 수를 순서대로 **3**개 썼습니다. ○은 ㉠보다 얼마만큼 더 큰 수인가요?

서우 : 0 → ☐ → ☐ → ㉠

준우 : 0 → ☐ → ☐ → ㉡

10 옛날 어느 원시 부족은 다음과 같이 수를 세었습니다. 이 원시 부족은 **9**를 어떻게 세었는가요?

1	2	3	4	5	6	7	8	9
캉	낭	땅	땅캉	땅낭	땅땅	땅땅캉		

11 다음과 같이 일정한 규칙에 따라 수를 늘어놓을 때 □ 안에 알맞은 수를 구해 보세요.

$$0 - 1 - 3 - \square$$

12 사탕을 소미는 **5**개, 기영이도 몇 개를 가지고 있습니다. 기영이가 소미에게 사탕을 **2**개 주면 사탕 수가 같아집니다. 기영이는 사탕을 몇 개 가지고 있나요?

13 지혜와 준우는 귤 **8**개를 나누어 먹었습니다. 지혜가 준우보다 귤을 **2**개 더 많이 먹었다면, 지혜와 준우가 먹은 귤은 각각 몇 개인가요?

14 케이크가 일곱 조각, 접시가 세 개 있습니다. 접시 한 개에 케이크를 세 조각씩 놓으려고 합니다. 케이크는 몇 조각이 부족한가요?

15 오리 몇 마리와 강아지 **1**마리가 있습니다. 다리 수를 세어 보니 모두 **8**개였습니다. 오리는 몇 마리인가요?

16 주어진 수를 가장 작은 수부터 순서대로 늘어놓았을 때, 둘째와 여섯째 사이에 놓이는 수 중에서 가장 큰 수를 구해 보세요.

17 미루는 동생보다 **3**살 더 많습니다. 미루와 동생의 나이를 더하면 **9**살입니다. 미루와 동생의 나이는 각각 몇 살인가요?

18 I부터 **5**까지 **5**개의 수가 있습니다. 이 중에서 **4**개를 골라 가장 큰 수부터 순서대로 늘어놓으려고 합니다. 모두 몇 가지 방법이 있나요?

1 고운, 기영, 소미는 초콜릿을 가지고 있습니다. 고운이는 **3**개의 초콜릿을 가지고 있고, 기영이는 고운이보다 하나 더 많이 가지고 있습니다. 소미는 고운이보다 하나 더 적게 가지고 있다면, 소미는 기영이보다 초콜릿을 몇 개 더 적게 가지고 있나요?

2 오른쪽 그림에서 ⬡ 안의 수는 양쪽에 있는 ✺ 안의 두 수를 더한 수입니다. 빈 곳에 알맞은 수를 써넣으세요.

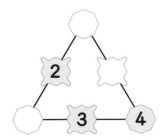

3 어떤 수도 서로 연속된 수와 이웃하여 선으로 연결되지 않도록 **1**부터 **9**까지의 수를 한번씩만 사용하여 빈칸을 알맞게 채워 보세요.

(1)
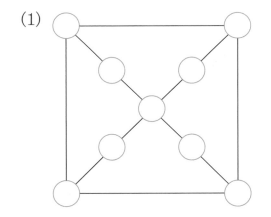

(2)
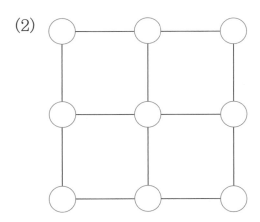

4 재우는 쌓기나무를 한 층에 **2**개씩 **4**층까지 쌓았고, 소미는 한 층에 **3**개씩 **3**층까지 쌓았습니다. 쌓기나무를 누가 몇 개 더 많이 쌓았나요?

5 **0**, **1**, **2**, **3**, **4**, **5**의 수를 한 번씩만 사용하여 다음 규칙에 따라 늘어놓으려고 합니다. 빈 곳에 알맞은 수를 써넣으세요.

규칙	뒤에 놓이는 수는 앞의 수보다 **2**만큼 더 큰 수이거나 **1**만큼 더 작은 수입니다.

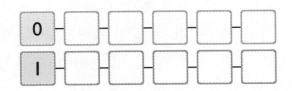

6 다섯 명의 어린이들이 구슬을 가지고 있습니다. 구슬을 가장 많이 가지고 있는 어린이는 둘째로 많이 가지고 있는 어린이보다 몇 개 더 많이 가지고 있나요?

- 준우는 **7**개보다 **2**개 더 적게 가지고 있습니다.
- 지혜는 준우보다 **1**개 더 많이 가지고 있습니다.
- 승호는 준우에게 **2**개를 받으면 승호와 준우의 구슬의 수는 같아집니다.
- 승기는 지혜보다 **3**개 더 많이 가지고 있습니다.
- 정우는 승호보다 **6**개 더 많이 가지고 있습니다.

7 다음의 대화를 읽고 은지는 송이보다 몇 개의 구슬을 더 많이 가지고 있는지 구해 보세요.

> • 은지는 준우보다 구슬을 **5**개 더 많이 가지고 있습니다.
> • 송이는 준우보다 구슬을 **2**개 더 적게 가지고 있습니다.

8 서준이와 유은이는 딸기 맛 사탕 **8**개와 자두 맛 사탕 **5**개를 나누어 가지려고 합니다. 딸기 맛 사탕은 서준이가 더 많이 가지고, 자두 맛 사탕은 유은이가 더 많이 가지려고 합니다. 유은이가 가진 딸기 맛 사탕과 자두 맛 사탕의 개수가 같을 때, 서준이가 가진 자두 맛 사탕은 몇 개인가요? (단, 사탕을 하나도 안 가져가는 경우는 없습니다.)

9 지혜와 준우는 사탕을 몇 개씩 가지고 있습니다. 지혜가 준우에게 사탕 **2**개를 주면 준우가 지혜보다 사탕이 **2**개 더 많아집니다. 준우가 처음 가지고 있던 사탕에서 **2**개를 지혜에게 주면 누구의 사탕이 몇 개 더 많아지나요?

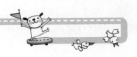

10 $\boxed{1}$, $\boxed{3}$, $\boxed{5}$, $\boxed{7}$, $\boxed{9}$ 의 5장의 수 카드가 있습니다. 이 중에서 **3**장을 골라 가장 큰 수부터 순서대로 늘어놓으려고 합니다. 모두 몇 가지 방법이 있는지 구해 보세요.

11 서우와 유은이는 구슬을 몇 개씩 가지고 있습니다. 서우가 유은이에게 **2**개를 주면, 두 사람이 가지고 있는 구슬의 수가 같아집니다. 유은이가 서우에게 구슬 **2**개를 주면, 서우는 유은이보다 구슬이 몇 개 더 많아지나요?

12 고운이와 송이는 가위바위보 게임을 하여 이기면 두 계단 올라가고, 지면 한 계단 올라가기로 하였습니다. 고운이가 **4**번 이기고 **1**번을 졌다면, 고운이는 송이보다 몇 계단 위에 있나요? (단, 고운이와 송이는 같은 위치에서 게임을 시작합니다.)

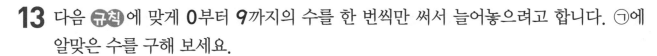

13 다음 규칙에 맞게 0부터 9까지의 수를 한 번씩만 써서 늘어놓으려고 합니다. ㉠에 알맞은 수를 구해 보세요.

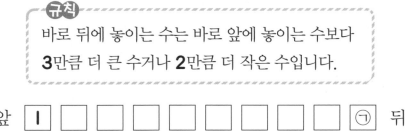

규칙

바로 뒤에 놓이는 수는 바로 앞에 놓이는 수보다 3만큼 더 큰 수거나 2만큼 더 작은 수입니다.

앞 | 1 | | | | | | | | | ㉠ | 뒤

14 은지, 현준, 송이는 공룡 스티커를 가지고 있습니다. 다음을 보고 은지는 현준이보다 스티커를 몇 개 더 많이 가지고 있는지 구해 보세요.

• 은지는 송이보다 공룡스티커가 3개 더 많습니다.
• 현준이는 송이보다 공룡스티커가 4개 더 적습니다.

15 은지는 연필을 8자루 가지고 있습니다. 은지는 현준이에게 연필을 3자루 주고, 송이는 은지에게 연필을 2자루 주었더니 3명이 가지고 있는 연필의 수가 같아졌습니다. 처음에 송이는 현준이보다 몇 자루의 연필을 더 가지고 있었는지 구해 보세요.

1 단원

16 빈 곳에 **0**부터 **6**까지의 수를 모두 넣어서 각 줄에 있는 세 수의
합이 **9**가 되도록 만들어 보세요.

17 서준이와 송이는 가위바위보를 하여 계단을 오르내리는 놀이를 하고 있습니다.
서준이는 아래에서부터 여섯째 계단에 있고 송이는 아래에서 셋째 계단에 있을 때
가위바위보 놀이를 시작했습니다. 이기면 **3**칸 올라가고 지면 **2**칸 내려가는 규칙도
정했습니다. 가위바위보를 **2**번해서 모두 송이가 이겼다면 송이는 서준이보다 몇
계단 떨어진 곳에 있나요?

18 [I], [2], [3], [4], [5], [6]의 **6**장의 수 카드를 다음과 같이 한 줄로 늘어 놓았습
니다. 수 카드 **5**의 앞에 놓여 있는 수 카드는 모두 몇 장인지 구해 보세요.

> • 수 카드 [I] 앞에는 수 카드 **I**장이 있습니다.
>
> • 수 카드 [2]와 [3] 사이에는 수 카드 **I**장이 놓여 있습니다.
>
> • 수 카드 [4]는 [5]보다 앞에 놓여 있고, [4]와 [5] 사이에는 수 카드
> **2**장이 놓여 있습니다.

1 다섯 명의 어린이들이 색종이를 가지고 있습니다. 색종이를 가장 많이 가지고 있는 어린이는 누구인가요?

> • 유은이는 8장보다 2장 더 적게 가지고 있습니다.
>
> • 준우는 유은이보다 1장 더 많이 가지고 있습니다.
>
> • 재우가 유은이에게 1장을 받으면, 재우와 유은이가 가지고 있는 색종이의 수는 같아집니다.
>
> • 송이는 준우보다 2장 더 많이 가지고 있습니다.
>
> • 예슬이는 5장보다 3장 더 많이 가지고 있습니다.

2 구슬 8개를 더 넣어서 가로줄과 세로줄의 구슬의 수가 각각 7개가 되도록 만들어 보세요.

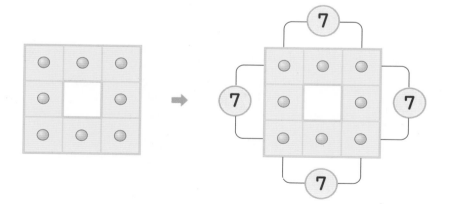

단원 2 여러 가지 모양

이야기 수학

🏠 모양을 잘라 보세요.

다음과 같이 수박을 ⬤ 모양처럼 예쁘게 잘라 보세요.

그 다음에 ⬤ 모양의 수박을 다음과 같이 잘라 보세요.

크기는 다르지만 모두 동그라미 모양이지요?

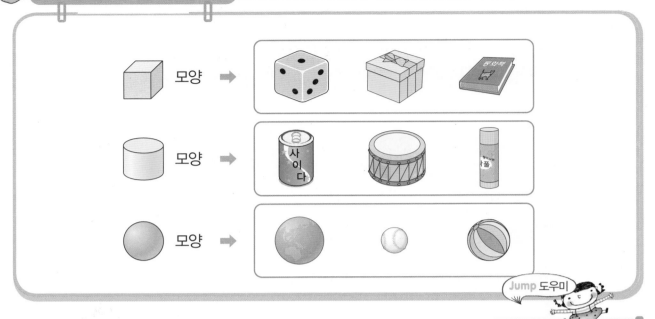

1  모양을 찾아 ◯표 하세요.

(   )   (   )   (   )

2  모양이 <u>아닌</u> 것을 찾아 ×표 하세요.

(   )   (   )   (   )

3 ⬤ 모양을 모두 찾아 기호를 쓰세요.

⬜ 모양, ⬭ 모양, ⬤ 모양이 있습니다.

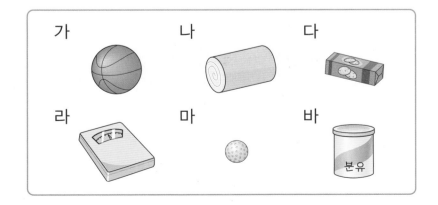

가	나	다
라	마	바

Jump 2 핵심응용하기

핵심 응용 왼쪽 물건과 같은 모양을 찾아 기호를 쓰세요.

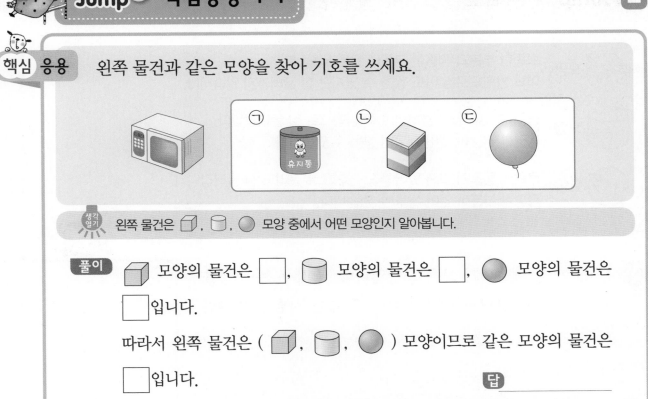

생각열기 왼쪽 물건은 ▱, ▱, ◯ 모양 중에서 어떤 모양인지 알아봅니다.

풀이 ▱ 모양의 물건은 ☐, ▱ 모양의 물건은 ☐, ◯ 모양의 물건은 ☐ 입니다.

따라서 왼쪽 물건은 (▱, ▱, ◯) 모양이므로 같은 모양의 물건은 ☐ 입니다.

답 _____

확인 1 주변에서 왼쪽 모양의 물건을 찾아 각각 **3**가지씩 써 보세요.

▱ 모양	
▱ 모양	
◯ 모양	

확인 2 같은 모양을 찾아 선으로 이어 보세요.

 모양 ─ 뽀족한 부분과 평평한 부분이 모두 있습니다.
       └ 어느 방향으로 쌓아도 쌓을 수 있지만 잘 굴러가지 않습니다.

 모양 ─ 둥근 부분이 있어 눕히면 한쪽 방향으로 잘 굴러갑니다.
       └ 평평한 부분이 있어 세우면 쌓을 수 있습니다.

 모양 ─ 전체가 둥글게 되어 있어 어느 방향으로 굴려도 잘 굴러갑니다.
       └ 평평한 부분이 없어 쌓을 수 없습니다.

 Jump 도우미

1 신영, 한별, 예슬이가 모은 모양입니다. 각각 모은 모양을 모두 쌓을 때, 무너지지 않게 쌓을 수 <u>없는</u> 사람은 누구인가요?

   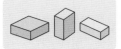   

신영   한별   예슬

2 다음 설명을 읽고 해당하는 모양을 찾아 선으로 이어 보세요.

평평한 부분으로만
둘러싸여 있습니다.   ·   ·

뽀족하거나 평평한
부분이 없습니다.   ·   ·

위와 밑은 평평하고
옆은 둥급니다.   ·   ·

3 물건을 굴렸을 때 어느 방향으로도 잘 굴러가는 것을 찾아 기호를 쓰세요.

★ 둥근 부분이 있어야 잘 굴러 갑니다.

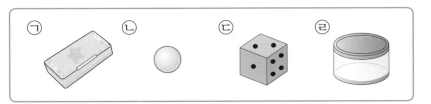

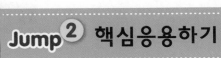

 다음을 읽고 , ⬭, ◯ 모양 중에서 모양이 <u>다른</u> 하나의 물건을 가지고 있는 어린이는 누구인지 이름을 쓰세요.

• 가영 : 내가 가진 물건은 둥근 부분도 있고 평평한 부분도 있어.
• 신영 : 내가 가진 물건은 야구공과 같은 모양이야.
• 한별 : 내가 가진 물건은 한 방향으로만 잘 굴러가.

각 모양의 특징을 생각해 봅니다.

풀이 둥근 부분과 평평한 부분이 모두 있는 모양은 (▱, ⬭, ◯) 모양

이고, 야구공과 같은 모양은 (▱, ⬭, ◯) 모양입니다. 또, 한 방

향으로만 잘 굴러가는 모양은 (▱, ⬭, ◯) 모양입니다.

따라서 ☐이와 ☐이는 서로 같은 모양의 물건을 가지고 있으므로

모양이 다른 하나의 물건을 가지고 있는 어린이는 ☐입니다.

답 _____

 1 다음에서 설명하는 것은 ▱, ⬭, ◯ 모양 중 어떤 모양인가요?

• 뾰족한 부분이 있습니다.
• 어느 방향으로도 잘 굴러가지 않습니다.

 2 모양의 일부분을 보고 같은 모양을 찾아 선으로 이어 보세요.

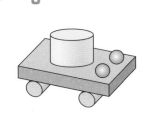 모양 : 1개
 모양 : 3개
모양 : 2개

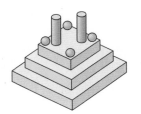 모양 : 3개
모양 : 2개
모양 : 4개

Jump 도우미

1 오른쪽 모양을 만드는 데 사용하지 <u>않은</u> 모양을 찾아 ○표 하세요.

(　　)　(　　)　(　　)

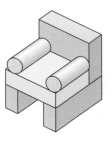

2 오른쪽 모양은  모양 중에서 어떤 모양을 몇 개 사용하여 만든 것인가요?

3 다음과 같은 모양을 만드는 데 사용된 🔲, 🛢, ⚫ 모양의 수를 각각 세어 보세요.

★ 각각의 모양을 손으로 짚어가며 세어 봅니다.

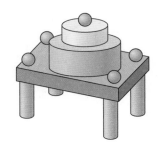

🔲 모양 : (　　　)개

🛢 모양 : (　　　)개

⚫ 모양 : (　　　)개

핵심 응용 한초는 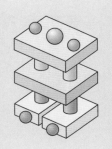 모양을 사용하여 오른쪽과 같은 모양을 만들었습니다. 가장 많이 사용한 모양은 어떤 모양인가요?

2
단원

생각열기 ⬜ 모양, 🛢 모양, ⚪ 모양의 개수를 각각 세어 봅니다.

풀이 ⬜ 모양의 개수를 세어 보면 ☐개, 🛢 모양의 개수를 세어 보면 ☐개, ⚪ 모양의 개수를 세어 보면 ☐개입니다.

따라서 가장 많이 사용한 모양은 (⬜, 🛢, ⚪) 모양입니다.

답 _____

1 ⬜, 🛢, ⚪ 모양 중에서 가에는 없고 나에만 있는 모양은 어떤 모양인가요?

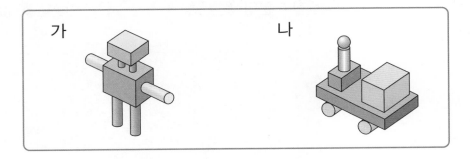
가   나

2 신영이는 다음과 같은 모양을 만들었습니다. 가장 적게 사용한 모양은 어떤 모양인가요?

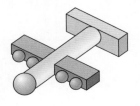

다음 물건들을 각각의 기준에 따라 정리하려고 합니다. 물음에 답하세요. [1~3]

1 평평한 부분이 있는 것과 없는 것으로 나누어 정리할 때, 빈칸에 알맞은 기호를 써넣으세요.

평평한 부분이 있는 것	평평한 부분이 없는 것

2 뾰족한 부분이 있는 것과 없는 것으로 나누어 정리할 때, 빈칸에 알맞은 기호를 써넣으세요.

뾰족한 부분이 있는 것	뾰족한 부분이 없는 것

3 모양의 일부분이 각각 다음과 같은 모양인 것끼리 모을 때, 빈칸에 알맞은 기호를 써넣으세요.

4 오른쪽은 어떤 모양의 일부분을 나타낸 것입니다. 다음 중 어떤 모양인지 찾아 기호를 쓰세요.

2
단원

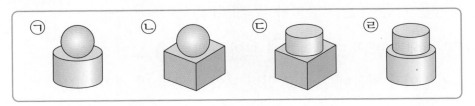

5 오른쪽과 같은 모양을 만드는 데 사용한 모양의 개수를 각각 빈칸에 알맞게 써넣으세요.

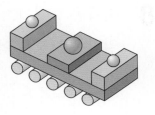

⬚ 모양	⬚ 모양	◯ 모양

6 그림과 같은 모양을 만드는 데 가장 많이 사용된 모양은 어떤 모양인가요?

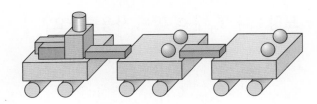

7 가영이는 가지고 있는 모양 몇 개와 예슬이에게 받은 모양 몇 개로 오른쪽과 같은 모양을 만들었습니다. 물음에 답하세요.

   (1) 가장 많은 모양은 가장 적은 모양보다 몇 개 더 많은가요?

   (2) 가영이가 예슬이에게 받은 모양은 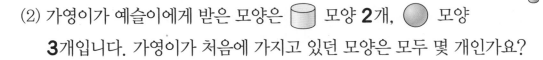 모양 **2**개, ◯ 모양 **3**개입니다. 가영이가 처음에 가지고 있던 모양은 모두 몇 개인가요?

8 다음은 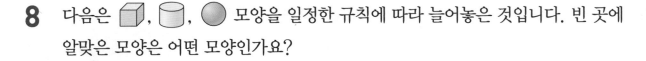 모양을 일정한 규칙에 따라 늘어놓은 것입니다. 빈 곳에 알맞은 모양은 어떤 모양인가요?

9 ▱, ▯, ◯ 모양으로 오른쪽과 같은 모양을 만들었습니다.

  ▯ 모양은 ▱ 모양보다 몇 개 더 많이 사용했나요?

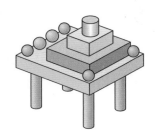

10 다음은  모양으로 여러 가지 모양을 만든 것입니다. 물음에 답하세요.

(단, 보이지 않는 곳에는 ⬜이 없습니다.)

가  나 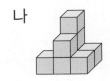 다   라

(1) ⬜ 모양 **7**개를 사용하여 만든 모양을 찾아 기호를 쓰세요.

(2) ⬜ 모양을 가장 많이 사용하여 만든 모양은 가장 적게 사용하여 만든 모양보다 몇 개 더 많이 사용하였나요?

11 왼쪽에 주어진 모양을 모두 사용하여 만든 것을 찾아 기호를 쓰세요.

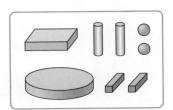 가  나 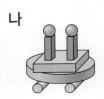 다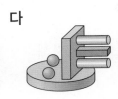

12 오른쪽은 송이와 지혜가 만든 모양입니다. 송이는 지혜보다 어떤 모양을 몇 개 더 많이 사용하였나요?

 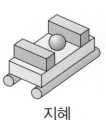

송이   지혜

13 다음 그림과 같은 규칙으로 ⬛ 모양을 쌓으려고 합니다. 여섯째 모양을 만들려면 둘째 모양을 만들 때보다 ⬛ 모양이 몇 개 더 많이 필요한가요?

첫째   둘째   셋째   ······

🌿 **다음을 보고 물음에 답하세요. [14~15]**

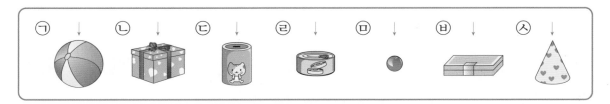

14 세 어린이의 대화를 읽고 <u>잘못</u> 말한 어린이는 누구인가요?

- 지혜 : 어느 방향으로도 잘 굴러가는 것끼리 모으면 ㉠, ㉤이야.
- 서우 : 물건을 화살표 방향(위)에서 보았을 때, ⬜ 모양인 것끼리 모으면 ㉡, ㉂이야.
- 준우 : 평평한 부분이 **2**개인 것끼리 모으면 ㉢, ㉣, ㉅이야.

15 오른쪽은 어떤 모양의 일부분입니다. 이것과 모양이 같은 물건을 찾아 기호를 쓰세요.

16 송이는 오른쪽과 같은 모양을 만들었습니다. 평평한 부분의 수에 따라 사용한 모양의 개수를 세어 빈칸에 알맞게 써넣으세요.

평평한 부분의 수	0개	2개	6개
사용한 개수			

17 오른쪽과 같은 모양을 **3**개 만들려고 합니다. 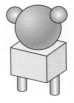 모양은 모두 몇 개 필요한가요?

18 고운이는 가지고 있던 모양 블록으로 오른쪽 그림과 같이 시소를 만들었더니 ⬤ 모양 **1**개가 남았습니다. 처음에 예슬이가 가지고 있던 모양 블록은 모두 몇 개인가요?

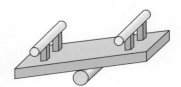

1 오른쪽 그림과 같이 ▢ 모양과 ⬤ 모양을 가지고 뿔모양을 만들었습니다. 뿔모양 **2**개를 만들려면 ▢ 모양은 ⬤ 모양보다 몇 개 더 많이 필요한가요?

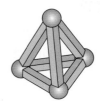

2 유승이는 가지고 있는 모양과 재우에게 받은 모양을 모두 사용하여 오른쪽과 같은 모양을 만들었습니다. 유승이가 재우에게 받은 모양이 ▢ 모양 **1**개, ⬭ 모양 **3**개, ⬤ 모양 **4**개라면 유승이가 처음에 가지고 있던 모양은 모두 몇 개인가요?

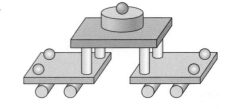

3 다음과 같이 ▢ 모양을 규칙적으로 쌓으려고 합니다. 여덟째 사용한 ▢ 모양은 일곱째 사용한 ▢ 모양보다 ▢ 모양이 몇 개 더 많은가요? (단, 보이지 않는 ▢ 모양은 없습니다.)

      ...

첫째   둘째   셋째

4  모양이 여러 개 있습니다. 세 가지 모양을 ⬭ 모양, ⬤ 모양, ⬜ 모양 순서대로 번갈아 가며 놓고, 빨간색과 노란색을 번갈아 가며 칠하려고 합니다. 일곱째는 어떤 모양이고, 무슨 색인가요?

5 오른쪽 그림과 같은 규칙으로 **7**층을 쌓을 때, **l**층에 놓이는 ⬭ 모양은 **3**층에 놓이는 ⬭ 모양보다 몇 개 더 많은가요?

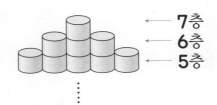

6  모양을 사용하여 다음과 같은 모양을 만들었습니다. 만나는 모양 끼리 서로 다른 색을 칠하려고 합니다. 색을 가장 적게 사용하여 모두 색칠한다면 몇 가지 색이 필요한가요?

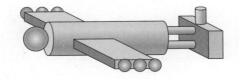

7 효근이는 가지고 있는 모양으로 다음과 같은 모양을 모두 만들려면 ⬜, ⚫는 **2**개 씩 남고 ⬛ 모양은 **3**개가 부족하다고 합니다. 효근이가 가지고 있는 ⬜, ⚫, ⬛ 모양은 각각 몇 개인가요?

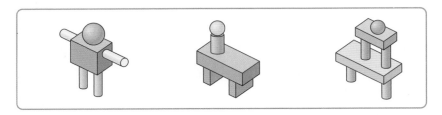

8 오른쪽과 같은 모양을 만들었더니 ⬜ 모양은 **4**개, ⬛ 모양은 **3**개, ⚫ 모양은 **2**개 남았습니다. 만들기 전에 있던 모양 중에서 가장 많은 모양은 가장 적은 모양 보다 몇 개 더 많은가요?

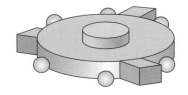

9 ㉮를 만드는데 사용한 ⬜, ⬛, ⚫ 모양 중에서 한 개를 다른 모양으로 바꾼 후 새롭게 ㉯를 만들었습니다. 어떤 모양을 무엇으로 바꾼 것인지 ☐ 안에 알맞게 그려 보세요.

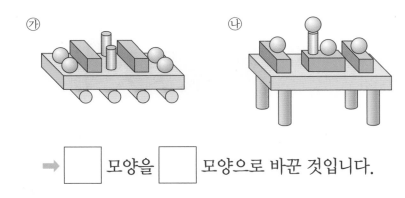

➡ ☐ 모양을 ☐ 모양으로 바꾼 것입니다.

10 규칙에 따라 모양을 늘어놓았습니다. 빈 곳에 들어갈 모양은 어떤 모양인지 그려넣고 무슨 색인지 쓰세요.

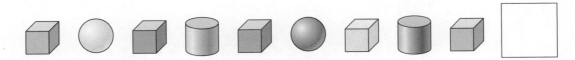

11 송이, 고운, 준우는 주사위(▢ 모양), 축구공(⬤ 모양), 통조림(⬭ 모양) 중에서 서로 다른 물건을 가졌습니다. 대화글을 읽고 고운이는 어떤 물건을 가지고 있는지 알아보세요.

> 송이 : 나는 ▢, ⬤ 모양중에 한 개를 가졌어.
>
> 고운 : 나는 ⬭, ▢ 모양 중에 한 개를 가졌어.
>
> 준우 : 나는 ⬤ 모양을 가졌지.

12 서준이가 다음과 같은 모양을 만들려고 했더니 ▢ 모양 **3**개, ⬭ 모양 **2**개가 부족했습니다. 서준이가 가지고 있는 ⬭은 ▢보다 몇 개가 더 많은가요?

(단, 보이지 않는 곳에 숨어 있는 모양은 없습니다.)

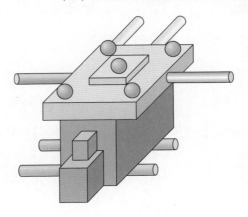

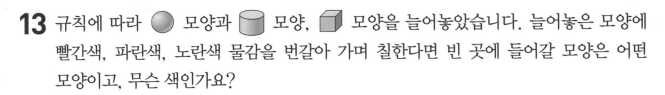

13 규칙에 따라 ⬤ 모양과 🛢 모양, ⬛ 모양을 늘어놓았습니다. 늘어놓은 모양에 빨간색, 파란색, 노란색 물감을 번갈아 가며 칠한다면 빈 곳에 들어갈 모양은 어떤 모양이고, 무슨 색인가요?

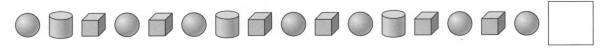

14 유은이는 가지고 있던 모양과 동생에게 받은 모양을 사용하여 오른쪽 모양을 만들었습니다. 유은이가 동생에게 받은 모양은 🔲 모양 **3**개, 🛢 모양 **2**개, ⬤ 모양 **1**개였고 오른쪽 모양을 만들고 🔲 모양 **1**개, 🛢 모양 **2**개, ⬤ 모양 **3**개 가 남았습니다. 처음에 유은이가 가지고 있던 모양 중 가장 많은 모양은 어떤 모양이고 몇 개인가요?

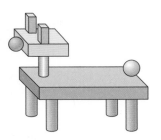

15 오른쪽 **4**개의 칸에 🔲 모양 **2**개, 🛢 모양 **1**개, ⬤ 모양 **1**개를 보기 와 같은 방법으로 놓으려고 합니다. 모양을 놓는 방법은 모두 몇 가지인가요?

 보기

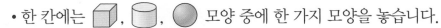
• 한 칸에는 🔲, 🛢, ⬤ 모양 중에 한 가지 모양을 놓습니다.
• 모양을 놓지 않는 칸은 없고, 이웃한 칸에는 서로 다른 모양을 놓습니다.

16 유승이는 가지고 있는 블록을 사용하여 오른쪽과 같은 모양을 만들었더니 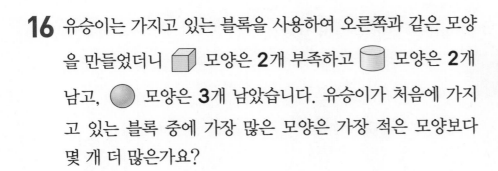 모양은 **2**개 부족하고 모양은 **2**개 남고, 모양은 **3**개 남았습니다. 유승이가 처음에 가지고 있는 블록 중에 가장 많은 모양은 가장 적은 모양보다 몇 개 더 많은가요?

17 서준이는 오른쪽 그림과 같은 모양을 **2**개 만들려고 했더니 모양은 **3**개가 부족하고 모양은 I개가 남았습니다. 서준이가 가지고 있는 모양과 모양 중에 어느 모양이 몇 개 더 많은가요?

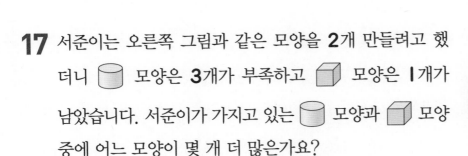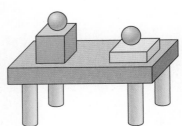

18 모양이 모두 합하여 **8**개가 있습니다. **8**개의 모양을 조건에 맞게 한 줄로 놓는 방법은 모두 몇 가지인가요?

조건

• **8**개의 모양 중에 모양의 개수가 가장 많습니다.

• 모양의 수는 모양의 수보다 I 만큼 더 작습니다.

• 같은 모양끼리는 서로 이웃하지 않습니다.

• 앞에서 첫째와 뒤에서 첫째는 모양입니다.

1 규칙에 따라 빈 곳에 알맞은 모양을 그려 보세요.

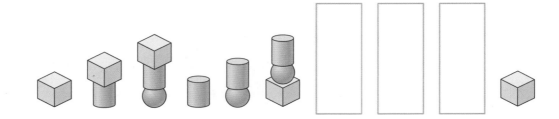

2 규칙에 따라 ⬤ 모양과 ⬛ 모양을 늘어놓았습니다. 늘어놓은 모양에 빨간색, 파란색, 노란색 페인트를 번갈아 가며 칠한다면 빈 곳에 들어갈 모양은 어떤 모양이고, 무슨 색인가요?

단원 3 덧셈과 뺄셈

💬 이야기 수학

🏠 +, −, =

1 더하기 1은 2, 2 빼기 1은 1을 계산식으로 바꾸면, 1+1=2, 2−1=1이 됩니다. 그러면 +, −, =의 기호는 누가 만들었는지 궁금하지 않나요?

+와 − 기호는 독일의 윗드만이라는 사람이 1489년에 지나치다(+), 부족하다(−)의 뜻으로 사용하였는데 차츰 덧셈과 뺄셈의 기호로 쓰이게 된 것이랍니다.

=(등호) 기호는 1557년 영국의 레코드가 「지혜를 가는 돌」이라는 책에서 처음으로 사용했다고 합니다.

'세상에서 2개의 평행선만큼 같은 것은 없다.'라는 말의 의미에서 이런 모양이 나왔다고 하네요.

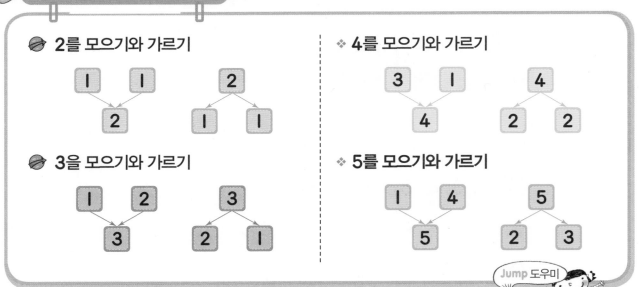

① 그림을 보고 빈 곳에 알맞은 수를 써넣으세요.

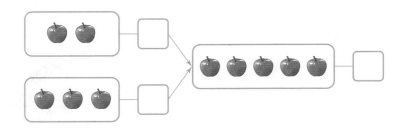

② 그림을 보고 빈 곳에 알맞은 수를 써넣으세요.

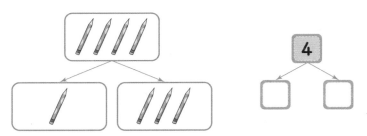

★ 연필의 수를 세어 보고, 가르기 해 봅니다.

③ 3개의 빵을 다음과 같이 2개의 접시에 놓으려고 합니다. (가) 접시에는 몇 개의 빵을 놓으면 되나요?

(가)   (나)

★ 3은 1과 □로 가를 수 있습니다.

④ 준우는 사탕을 왼손에는 2개, 오른손에는 3개 가지고 있습니다. 준우가 가지고 있는 사탕은 모두 몇 개인가요?

 핵심 응용   기영이와 고운이는 과자 **4**봉지를 나누어 가지려고 합니다. 고운이가 기영이보다 과자를 **2**봉지 더 가지려면 기영이와 고운이는 각각 몇 봉지씩 가져야 하나요?

생각열기   여러 가지 방법으로 **4**를 두 수로 가르기합니다.

풀이   오른쪽 표와 같이 **4**를 두 수로 가를 수 있습니다.

따라서 고운이가 기영이보다 과자를

4	1		3
		2	

2봉지 더 가지려면, 기영이는 ☐봉지, 고운이는 ☐봉지를 가져야 합니다.

답 _____

 확인 **1**   다음과 같은 **4**장의 숫자 카드가 있습니다. **2**장을 뽑아 숫자 카드에 적힌 두 수를 모아서 **5**를 만들었습니다. 두 숫자 카드에 적힌 수를 써 보세요.

 확인 **2**   **5**명의 학생들이 가위바위보를 했습니다. **1**명이 가위를 내고, **3**명이 보를 냈다면 바위를 낸 학생은 몇 명인가요?

 확인 **3**   서우는 구슬 **5**개를 동생과 나누어 가지려고 합니다. 서우가 동생보다 **1**개 더 많이 가지려면 서우는 구슬을 몇 개 가져야 하나요?

🪐 6를 모으기와 가르기

❖ 8를 모으기와 가르기

🪐 7을 모으기와 가르기

❖ 9를 모으기와 가르기

Jump 도우미

1 빈 곳에 알맞은 수만큼 ○를 그려 보세요.

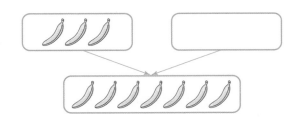

2 두 수를 모았을 때, 9가 되는 것에 ○표 하세요.

(   )   (   )   (   )

3 6명의 어린이 중 남자 어린이가 5명입니다. 여자 어린이
는 몇 명인가요?

☆

4 동민이와 신영이는 사탕 8개를 나누어 가지려고 합니다.
동민이가 사탕 2개를 가지면 신영이는 사탕 몇 개를 가지
나요?

5 상자 속에 빨간 구슬 5개와 노란 구슬 4개가 들어 있습
니다. 상자 속에 들어 있는 구슬은 모두 몇 개인가요?

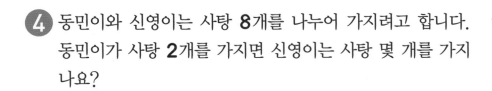

핵심 응용

야구에서 한 팀은 **9**명입니다. 한초네 모둠은 **5**명, 동민이네 모둠은 **3**명입니다. 각 모둠이 야구 팀을 만들 때, 더 많은 사람이 필요한 모둠은 누구네 모둠인가요?

생각열기 모둠의 사람 수와 필요한 사람 수를 모으면 **9**명입니다.

풀이 5와 ☐를 모으면 9가 되므로 한초네 모둠에서 더 필요한 사람은 ☐명

이고, 3과 ☐을 모으면 9가 되므로 동민이네 모둠에서 더 필요한 사람은

☐명입니다.

따라서 6은 4보다 ☐만큼 더 큰 수이므로 더 많은 사람이 필요한 모둠은

☐ 모둠입니다.

 답 _____

 1 귤 6개를 두 사람이 똑같이 나누어 먹으려고 합니다. 한 사람이 귤을 몇 개씩 먹으면 되나요?

 2 형과 동생은 연필 **7**자루를 나누어 가지려고 합니다. 형이 동생보다 연필을 더 많이 가질 수 있는 방법은 모두 몇 가지인가요? (단, 형과 동생은 연필을 적어도 한 자루씩은 가집니다.)

 3 미루네 가족이 바나나 **9**개를 남김없이 나누어 가지려고 합니다. 아버지가 가장 많이 가지고, 어머니는 아버지보다 **1**개 더 적게, 미루는 어머니보다 **1**개 더 적게 가지려고 합니다. 아버지는 바나나를 몇 개 가져야 하나요?

☺ 그림을 보고 이야기 만들어 보기

(예) • 남자 아이가 들고 있는 풍선 **2**개와 여자 아이가 들고 있는 풍선 **3**개를 합하면 풍선은 **5**개입니다.
• 빨간 풍선이 파란 풍선보다 **1**개 더 많습니다.
• 어른이 **2**명, 어린이가 **2**명이므로 가족이 모두 **4**명입니다.

 Jump 도우미

1 그림을 보고 이야기를 한 것입니다. <u>잘못</u> 이야기한 사람은 누구인가요?

이준 : 새끼 돼지 **4**마리와 **2**마리를 합하면 새끼 돼지는 **6**마리입니다.

고운 : 살구색 돼지는 어미 돼지 **1**마리와 새끼 돼지 **4**마리를 합하면 모두 **5**마리입니다.

동민 : 어미 돼지는 **2**마리이고 새끼 돼지는 **4**마리와 **2**마리를 합하여 **6**마리이므로 새끼 돼지가 어미 돼지보다 더 적습니다.

송이 : 살구색 돼지는 **1**마리와 **4**마리를 합하여 **5**마리이고 검은색 돼지는 **1**마리와 **2**마리를 합하여 **3**마리이므로 돼지는 모두 **8**마리입니다.

☆ 새끼 돼지의 수가 어미 돼지의 수보다 많습니다.

핵심 응용 그림을 보고 이야기를 만들어 보세요.

 그림의 상황을 살펴보고 이야기를 만들어 봅니다.

풀이 자전거가 **5**대 있는데 어린이가 타고 가는 자전거가 ☐ 대이므로

남게 되는 자전거는 ☐ 대입니다.

 확인 **1** 그림을 보고 이야기를 만들어 보세요.

확인 **2** 그림을 보고 이야기를 만들어 보세요.

• **4**와 **2**를 더하는 것
  ┌ 쓰기 : **4＋2**
  └ 읽기 : **4** 더하기 **2**

• **4**와 **2**를 더하면 **6**입니다.
  ┌ 쓰기 : **4＋2＝6**
  └ 읽기 : **4** 더하기 **2**는 **6**과 같습니다.
  4와 **2**의 합은 **6**입니다.

Jump 도우미

1 그림에 알맞은 덧셈식을 쓰고, 읽어 보세요.

쓰기 : ☐＋☐

읽기 : (   )

☆ 빨간색 사탕 **3**개와 노란색 사탕 **2**개입니다.

2 다음을 덧셈식으로 써 보세요.

> **6** 더하기 **0**은 **6**과 같습니다.

☆ '＝'는 왼쪽 식과 오른쪽 식의 계산값이 같을 때 사용합니다.

3 그림을 보고 흰색 바둑돌과 검은색 바둑돌은 모두 몇 개인지 ☐ 안에 알맞은 수를 써넣으세요.

➡ 3＋☐＝☐

☆ 흰색 바둑돌은 **3**개, 검은색 바둑돌은 **4**개입니다.

4 놀이터에서 그네를 타는 어린이가 **4**명, 미끄럼틀을 타는 어린이가 **5**명 있습니다. 놀이터에서 그네와 미끄럼틀을 타는 어린이는 모두 몇 명인가요?

핵심 응용

유은이네 어항에는 열대어가 **4**마리, 금붕어가 **3**마리 있었습니다. 아버지께서 금붕어 **2**마리를 사 오셔서 어항에 넣었다면, 유은이네 어항에 있는 물고기는 모두 몇 마리인가요?

💡 모두 몇 마리인지 알아볼 때에는 덧셈식을 사용합니다.

풀이 처음 어항에 있던 물고기는 모두 ☐ + ☐ = ☐ (마리)입니다.

금붕어 **2**마리를 사 오셔서 어항에 넣었으므로 처음 어항에 있던 물고기 수와

사 온 금붕어 수를 더하면 ☐ + ☐ = ☐ (마리)입니다.

따라서 유은이네 어항에 있는 물고기는 모두 ☐ 마리입니다.

답 _____

1 상자 **2**개가 있습니다. 한 상자에 인형을 **2**개씩 넣었더니 인형이 **1**개 남았습니다. 인형은 모두 몇 개인가요?

2 송이는 빨간 구슬을 **3**개 가지고 있고, 노란 구슬은 빨간 구슬보다 **2**개 더 많이 가지고 있습니다. 송이가 가지고 있는 구슬은 모두 몇 개인가요?

3 **4**장의 숫자 카드 중에서 **2**장을 골라 카드에 적힌 두 수를 더할 때, 서로 다른 합은 모두 몇 가지인가요?

| 5 | 2 | 0 | 4 |

• **7**에서 **3**을 빼는 것
  ┌ 쓰기 : **7－3**
  └ 읽기 : **7** 빼기 **3**

• **7**에서 **3**을 빼면 **4**입니다.
  ┌ 쓰기 : **7－3＝4**
  └ 읽기 : **7** 빼기 **3**은 **4**와 같습니다.
  7과 **3**의 차는 **4**입니다.

Jump 도우미

1 그림에 알맞은 뺄셈식을 쓰고, 읽어 보세요.

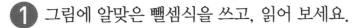

쓰기 : ☐ － ☐

읽기 : (   )

2 다음을 뺄셈식으로 써 보세요.

(1) **8** 빼기 **8**은 **0**과 같습니다. ➡ (   )

(2) **5** 빼기 **0**은 **5**와 같습니다. ➡ (   )

3 그림을 보고 ☐ 안에 알맞은 수를 써넣으세요.

   **5－**☐**＝**☐

★ 토끼는 **5**마리, 당근은 **3**개입니다.

4 냉장고에 요구르트가 **9**개 있었습니다. 이 중에서 **3**개를 꺼내 먹었다면 냉장고에 남은 요구르트는 몇 개인가요?

★ 요구르트 **9**개 중에서 **3**개를 먹고 남은 요구르트 수를 구합니다.

 핵심 응용

책꽂이에 동화책 **6**권이 꽂혀 있었습니다. 송이가 동화책 **1**권을 빌려 가고, 유승이가 동화책 **2**권을 빌려 갔습니다. 책꽂이에 남은 동화책은 몇 권인가요?

 남은 동화책이 몇 권인지 알아볼 때에는 뺄셈식을 사용합니다.

풀이 (송이가 동화책 **1**권을 빌려 간 후 책꽂이에 남은 동화책 수)

$= 6 - \boxed{} = \boxed{}$ (권)

(유승이가 동화책 **2**권을 빌려 간 후 책꽂이에 남은 동화책 수)

$= \boxed{} - 2 = \boxed{}$ (권)

따라서 책꽂이에 남은 동화책은 $\boxed{}$ 권입니다. 답 _____

 1 계산 결과가 가장 큰 것부터 순서대로 기호를 써 보세요.

ⓐ **5-3** ⓑ **7-1** ⓒ **8-4**

 2 지혜네 모둠의 어린이 **8**명 중에서 남자 어린이는 **2**명이고, 예슬이네 모둠의 어린이 **7**명 중에서 남자 어린이는 **5**명입니다. 누구네 모둠의 여자 어린이가 몇 명 더 많나요?

 3 다음과 같은 **4**장의 숫자 카드를 한솔이와 기영이가 **2**장씩 나누어 가졌습니다. 한솔이가 가진 숫자 카드에 적힌 수의 합이 기영이가 가진 숫자 카드에 적힌 수의 합보다 **3**만큼 더 크게 되었을 때, 한솔이가 가진 숫자 카드에 적힌 수를 써 보세요.

$\boxed{1}$ $\boxed{3}$ $\boxed{4}$ $\boxed{5}$

🏀 **그림을 보고 덧셈식 만들기**

· 전체 과일의 수 : 2+3=5

🏀 **그림을 보고 뺄셈식 만들기**

· 남은 빵의 수 : 7-2=5

Jump 도우미

1 그림을 보고 덧셈식을 만들어 보세요.

⭐ + 기호를 사용하여 덧셈식을 만듭니다.

2 그림을 보고 뺄셈식을 만들어 보세요.

⭐ - 기호를 사용하여 뺄셈식을 만듭니다.

3 □ 안에 +와 - 중 알맞은 것을 써넣으세요.

(1) 5 □ 4=9   (2) 9 □ 4=5

(3) 3 □ 6=9   (4) 8 □ 5=3

(5) 7 □ I=8   (6) 6 □ 2=4

4 야구 글러브는 야구공보다 몇 개 더 많은지 알아보세요.

 Jump 2 핵심응용하기

 핵심 응용 다음은 합이 **7**이 되는 덧셈식입니다. 이와 같이 합이 **7**이 되는 덧셈식을 모두 몇 개나 만들 수 있나요?

$$2+5=7$$

3 단원

🔆 두 수를 더하여 합이 **7**이 되는 경우를 생각합니다.

풀이 앞의 수를 **0**으로 할 때 뒤에 더하는 수는 ▢이 되어 **0+**▢**=7**입니다.
마찬가지 방법으로 앞의 수를 **1, 2, 3, 4, 5, 6, 7**로 할 때 뒤에 더하는 수를 정해 덧셈식을 만듭니다.

1+▢**=7, 2+**▢**=7, 3+**▢**=7, 4+**▢**=7,**

5+▢**=7, 6+**▢**=7, 7+**▢**=7**

따라서 합이 **7**이 되는 덧셈식을 모두 ▢개 만들 수 있습니다.

 답 _____

 1 냉장고 안에 있던 아이스크림 **8**개 중에서 **5**개를 먹었습니다. 남은 아이스크림은 몇 개인지 뺄셈식으로 나타내고, 답을 구해 보세요.

 2 다음 **5**장의 숫자 카드 중에서 **3**장을 골라 계산 결과가 가장 큰 뺄셈식을 만들어 보세요.

 3 서우와 송이가 사탕을 몇 개씩 가지고 있습니다. 서우가 사탕을 **3**개 더 사면 서우의 사탕은 **8**개가 되고, 송이가 사탕을 **1**개 먹으면 송이의 남는 사탕은 **2**개가 됩니다. 지금 서우와 송이가 가지고 있는 사탕은 모두 몇 개인지 덧셈식으로 나타내고, 답을 구해 보세요.

1 □ 안에 알맞은 수는 얼마인가요? (단, 같은 모양은 같은 수를 나타냅니다.)

$$□+4=▲$$
$$▲+★=9$$
$$★=2$$

2 ㉠에 알맞은 수를 구해 보세요.

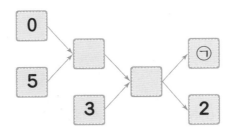

3 □ 안에 알맞은 수를 써넣으세요.

$$4+2=7-□=□+3=6-□$$

4 어떤 수에서 **3**을 빼야 할 것을 잘못하여 더했더니 **9**가 되었습니다. 바르게 계산하면 얼마인가요?

5 ♥에 알맞은 수는 얼마인가요?

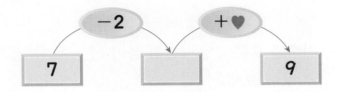

6 미루와 준우가 **2**개의 주사위를 각각 한 번씩 던졌습니다. 미루와 준우가 던진 두 주사위의 눈의 수의 합이 서로 같아지도록 빈 곳에 눈을 그려 보세요.

7 오른쪽 그림과 같이 아래의 두 수를 모아 위의 수가 되도록 할 때, ㉠과 ㉡에 알맞은 수를 더하면 얼마 인가요?

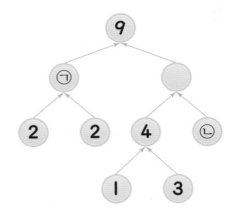

8 위쪽과 아래쪽, 왼쪽과 오른쪽에 나란히 붙어 있는 두 수를 모아서 **8**이 되는 경우를 모두 찾아 ☐로 묶어 보세요.

1	1	7	5	2	6
7	6	2	3	7	4
3	5	4	4	1	4

9 오른쪽 그림은 **1**에서부터 **6**까지의 수를 적어 놓은 주사위입니다. 마주 보는 두 수의 합이 항상 **7**일 때, **4**와 **5**에 마주 보고 있는 수들의 합은 **5**와 **6**에 마주 보고 있는 수들의 합보다 얼마만큼 더 큰가요?

10 ●가 1일 때, ◉는 얼마인가요? (단, 같은 모양은 같은 수를 나타냅니다.)

$$● + ● = ▲$$
$$▲ + ● = ■$$
$$■ + ▲ - 1 = ◉$$

11 오른쪽 그림에서 한 줄에 놓인 세 수를 모으면 9가 됩니다. 빈 곳에 알맞은 수를 써넣으세요.

12 기영이는 오른쪽 그림과 같은 점수판에 고리던지기 놀이를 하였습니다. 서로 다른 곳에 3개의 고리를 걸어 얻은 점수의 합이 9점이었다면 기영이가 얻은 점수는 각각 몇 점인가요?

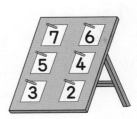

13 효심이 어머니께서 사과를 **8**개, 감을 **5**개, 배를 감보다 **3**개 더 적게 사 오셨습니다. 어머니는 사과를 배보다 몇 개 더 많이 사 오셨나요?

14 미루와 고운이는 과녁맞히기 놀이를 하였습니다. 미루는 파란색 화살을 사용하였고, 고운이는 빨간색 화살을 사용하였습니다. 누가 몇 점 더 많이 얻었나요?

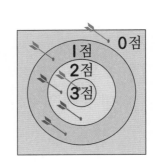

15 재우와 유승이는 사탕을 각각 **8**개씩 가지고 있었습니다. 두 사람이 각자 사탕을 몇 개씩 먹어 재우는 사탕이 **6**개가 남았고, 유승이는 재우보다 **2**개 더 적게 남았습니다. 유승이는 사탕을 몇 개 먹었나요?

16 다음을 읽고 신영이가 가지고 있는 공책은 몇 권인지 구해 보세요.

> 서우 : 나는 공책 **2**권만 더 모으면 재우가 가지고 있는 공책의 수와 같아져.
> 재우 : 나는 공책 **3**권씩 **2**묶음을 가지고 있어.
> 신영 : 나는 서우보다 공책 **3**권이 더 많아.

3
단원

17 **1**부터 **9**까지의 수 중에서 똑같은 두 수로 가를 수 있는 수는 모두 몇 개인가요?

18 가로줄 또는 세로줄에 나란히 붙어 있는 세 수를 모아서 **9**가 되도록 빈칸에 알맞은 수를 써넣으세요.

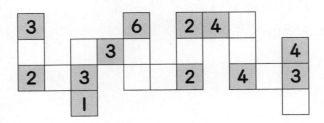

1 농장에 닭, 강아지, 소가 있습니다. 닭과 강아지를 모으면 **5**마리이고, 강아지와 소를 모으면 **7**마리입니다. 닭, 강아지, 소가 모두 **9**마리일 때, 닭과 소를 모으면 몇 마리인가요?

2 준우는 가지고 있던 토마토 **9**개 중에서 **1**개는 동생에게 주고 남은 토마토를 형과 나누어 먹으려고 합니다. 준우가 형보다 더 많이 먹는 방법은 모두 몇 가지인가요?

(단, 준우와 형은 적어도 **1**개씩은 토마토를 먹습니다.)

3 오른쪽 그림과 같이 ☐ 모양에 각각 **4**개의 수들이 걸려 있습니다. ☐ 모양에 있는 **4**개의 수들의 합이 모두 같다면, ㉮와 ㉯에 알맞은 수는 각각 얼마인가요?

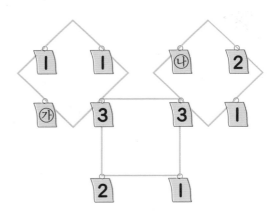

4 고운이는 사탕을 준우보다 **3**개 더 적게 가지고 있고, 준우는 사탕을 지혜보다 **5**개 더 많이 가지고 있습니다. 지혜가 가지고 있는 사탕이 **2**개일 때, 고운이가 가지고 있는 사탕은 몇 개인가요?

5 식을 보고 ■와 ▲가 나타내는 수를 각각 구해 보세요. (단, 같은 모양은 같은 수를 나타냅니다.)

$$■ + ▲ = 8 \qquad ■ - ▲ = 4$$

6 연필이 **9**자루 있고, 빨간 필통과 노란 필통을 합하면 **4**개입니다. 빨간 필통에는 연필을 **3**자루씩 넣고, 노란 필통에는 연필을 **2**자루씩 넣었더니 연필을 모두 넣을 수 있었습니다. 빨간 필통과 노란 필통은 각각 몇 개씩 있나요?

7 5에서 ★을 뺀 수는 5에 ★을 더한 수보다 8만큼 더 작다고 합니다. ★은 얼마인가요?

8 1부터 9까지의 수 중 두 수를 골라 서로 뺐을 때, 계산 결과가 4인 경우는 모두 몇 가지인가요?

9 모아서 9가 되는 세 수를 쓴 종이의 일부분이 찢어져 두 수가 보이지 않습니다. 보이지 않는 두 수의 차가 2일 때, 보이지 않는 두 수 중 더 큰 수는 얼마인가요?

10 가영이는 다음과 같은 숫자 카드를 한 장씩 가지고 있습니다. 이 중에서 **2**장을 골라 합이 둘째로 큰 덧셈식을 만들려고 합니다. 가영이가 골라야 할 숫자 카드에 적힌 두 수의 차를 구해 보세요.

11 운동장에서 **9**명의 어린이들이 놀고 있었습니다. 그중 남자 어린이 **3**명과 여자 어린이 **2**명이 집으로 돌아가서 운동장에 남은 남자 어린이와 여자 어린이의 수가 같아졌습니다. 운동장에 남은 여자 어린이는 몇 명인가요?

12 빈 곳에 알맞은 수를 써넣으세요.

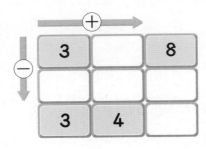

13 다음 **5**장의 숫자 카드 중에서 **2**장을 뽑아 카드에 적힌 두 수의 합을 구하려고 합니다. 합이 **5**보다 크고 **8**보다 작게 되도록 뽑는 방법은 모두 몇 가지인가요?

(단, 뽑은 **2**장의 카드가 순서만 바뀐 경우는 한가지로 생각합니다.)

14 가, 나, 다, 라, 마는 수 **2**, **3**, **4**, **5**, **6** 중 어느 하나에 각각 해당됩니다. 다음을 보고 기호에 알맞은 수를 각각 구해 보세요.

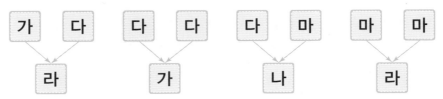

15 ㉮, ㉯, ㉰, ㉱의 **4**장의 수 카드에는 **0**부터 **9**까지의 수 중에서 서로 다른 수가 한 개씩 써 있습니다. 다음을 보고 ㉮와 ㉰의 수를 모으면 얼마가 되는지 구해 보세요. (단, ㉱ 카드의 수는 ㉰ 카드의 수보다 큽니다.)

- ㉮와 ㉯의 수를 모으면 **5**입니다.
- ㉯, ㉰, ㉱의 세 수를 모으면 **6**입니다.
- ㉮, ㉯, ㉰, ㉱의 수를 모두 모으면 **9**입니다.

16 지혜는 초콜릿을 **3**개씩 **3**봉지 가지고 있었는데 준우에게 **4**개를 주고, 기영이 에게서 **1**개를 받았습니다. 지금 지혜가 가지고 있는 초콜릿을 동생과 똑같이 나누어 가지려면 동생에게 몇 개를 주어야 하나요?

17 ㉠, ㉡, ㉢, ㉣, ㉤은 **0**부터 **9**까지의 수 중에서 서로 다른 수입니다. ㉣이 될 수 있는 수를 모두 더하면 얼마인가요?

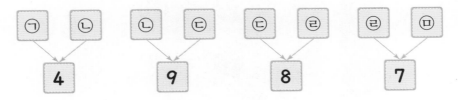

18 조건에 맞게 **1**부터 **7**까지의 수 중에서 **3**을 포함하여 **6**개를 골라 오른쪽 칸에 한 번씩 써넣으려고 합니다. ㉤에 올 수 있는 수들을 모두 찾아 합을 구해 보세요.

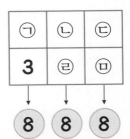

조건
- ㉠, ㉡, ㉢칸에서 서로 붙어 있는 칸에는 차가 **1**인 수가 들어갈 수 없습니다.
- ◯ 안의 수는 그 줄의 위, 아래에 놓인 두 수의 합입니다.

1 다음 과일은 각각 0부터 9까지의 수 중에서 서로 다른 한 수를 나타냅니다.
   과일로 나타낸 식을 보고 각각의 과일에 알맞은 수를 구하려고 합니다. 물음에
   답하세요.

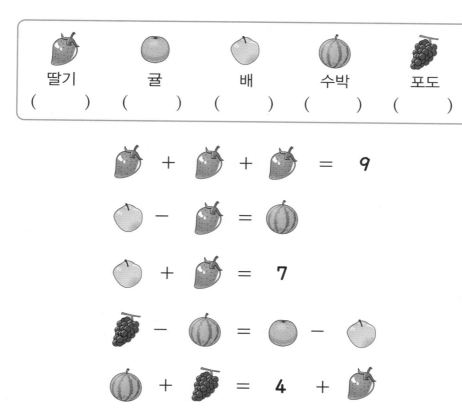

(1) 가장 먼저 알 수 있는 수는 어느 과일이 나타내는 수인가요? 또, 이 과일이
    나타내는 수는 얼마인가요?

(2) 둘째로 알 수 있는 수는 어느 과일이 나타내는 수인가요? 또, 이 과일이
    나타내는 수는 얼마인가요?

(3) 나머지 과일이 나타내는 수는 각각 얼마인가요?

비교하기

1 길이의 비교

2 키와 높이의 비교

3 무게의 비교

4 넓이의 비교

5 담을 수 있는 양의 비교

💬 이야기 수학

🏠 비교하여 나타내는 말이 왜 다르지?

막대와 연필의 길이를 비교할 때에는 막대가 연필보다 '더 길다', 연필은 막대보다 '더 짧다'라고 말해요.

아버지와 아들의 키를 비교할 때에는 아버지의 키가 아들의 키보다 '더 크다', 아들의 키는 아버지의 키보다 '더 작다'라고 말해요.

아파트의 높이를 비교할 때에는 15층 아파트는 10층 아파트보다 '더 높다', 10층 아파트는 15층 아파트보다 '더 낮다'라고 말해요.

왜 이렇게 길이를 비교하는데 나타내는 말이 다른지 이번 단원에서 알아볼까요?

🏀 **더 긴 것, 더 짧은 것 찾기**

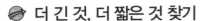 더 길다

 더 짧다

• 연필은 크레파스보다 더 깁니다.
• 크레파스는 연필보다 더 짧습니다.

❖ **가장 긴 것, 가장 짧은 것 찾기**

 가장 길다

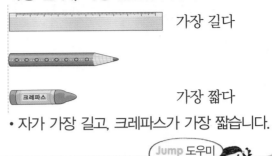

가장 짧다

• 자가 가장 길고, 크레파스가 가장 짧습니다.

Jump 도우미

1 더 긴 것에 ○표 하세요.

(   )

(   )

> ⭐ 한쪽 끝을 맞추어 길이를 비교해 봅니다.

2 더 짧은 것을 찾아 기호를 쓰세요.

㉠

㉡

(   )

> 두 물건의 길이를 비교할 때에는 '더 길다', '더 짧다'라고 나타냅니다.

3 가장 긴 것에 ○표, 가장 짧은 것에 △표 하세요.

당근   (   )

고추   (   )

오이   (   )

> 두 개보다 많은 물건의 길이를 비교할 때에는 '가장 길다', '가장 짧다'라고 나타냅니다.

4 숟가락보다 길이가 더 짧은 물건을 모두 찾아 써 보세요.

 지우개

붓

연필

(,   )

핵심 응용   길이가 가장 긴 것부터 순서대로 기호를 쓰세요.

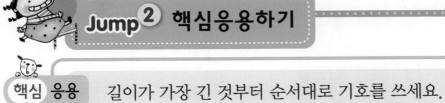

💡 생각 열기 구부러진 선을 곧게 폈을 때의 길이를 생각해 봅니다.

풀이   양쪽 끝이 맞추어져 있으므로 많이 구부러진 줄넘기가 더 ☐.

가장 긴 것은 가장 많이 구부러진 것이므로 ☐이고, 가장 짧은 것은

구부러지지 않은 것이므로 ☐입니다.

따라서 길이가 가장 긴 것부터 순서대로 기호를 쓰면 ☐, ☐, ☐입니다.

답 _____

4 단원

1 지하철역에서 미술관까지 가려고 합니다. 어느 길로 가는 것이 가장 긴가요?

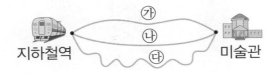

2 자보다 더 긴 것은 모두 몇 개인가요?

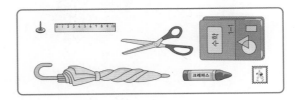

3 똑같은 길이의 끈 **3**개로 각각 가지, 고구마, 무의 길이를 재었습니다. 길이를 재고 남은 끈의 길이는 무가 가장 짧고, 고구마가 가장 길었습니다. 길이가 가장 긴 것부터 순서대로 쓰세요.

● **키 비교하기**

• 두 사람의 키를 비교할 때에는 '더 크다', '더 작다'라고 나타내고, 두 사람보다 많은 사람의 키를 비교할 때에는 '가장 크다', '가장 작다'라고 나타냅니다.

● **더 높은 것, 더 낮은 것 찾기**

 (가)　　(나)

• (가) 책상은 (나) 책상보다 더 높습니다.
• (나) 책상은 (가) 책상보다 더 낮습니다.

더 높다　　　　더 낮다

● **가장 높은 것, 가장 낮은 것 찾기**

(가) 　(나) 　(다)

• (가) 나무가 가장 높고, (다) 나무가 가장 낮습니다.

가장 높다　　　　가장 낮다

Jump 도우미

1 키가 가장 큰 사람을 찾아 이름을 쓰세요.

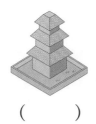

소미　　기영　　지혜

2 더 높은 쪽에 ○표 하세요.

(　)　　　　(　)

★ 아래쪽 끝이 맞추어져 있으므로 위쪽 끝을 비교해 봅니다.

3 가장 높은 쪽에 ○표, 가장 낮은 쪽에 △표 하세요.

(　)　　(　)　　(　)

Jump 2 핵심응용하기

핵심 응용 키가 가장 작은 학생부터 순서대로 이름을 쓰세요.

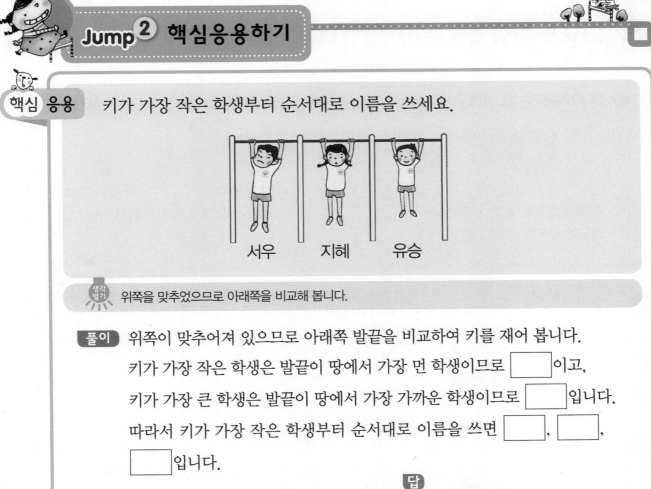

서우   지혜   유승

생각 열기 위쪽을 맞추었으므로 아래쪽을 비교해 봅니다.

풀이 위쪽이 맞추어져 있으므로 아래쪽 발끝을 비교하여 키를 재어 봅니다.

키가 가장 작은 학생은 발끝이 땅에서 가장 먼 학생이므로 [ ]이고,

키가 가장 큰 학생은 발끝이 땅에서 가장 가까운 학생이므로 [ ]입니다.

따라서 키가 가장 작은 학생부터 순서대로 이름을 쓰면 [ ], [ ],

[ ]입니다.

답 _____

 1 준우는 고운이보다 크고, 서우는 준우보다 큽니다. 키가 가장 큰 사람부터 순서대로 이름을 쓰세요.

준우   고운   서우   준우

 2 미루, 유승, 고운이는 같은 아파트에 살고 있습니다. 미루는 **7**층, 유승이는 **4**층, 고운이는 **8**층에 살고 있습니다. 가장 낮은 층에 살고 있는 학생과 가장 높은 층에 살고 있는 학생은 각각 누구인가요?

● 더 무거운 것, 더 가벼운 것 찾기

더 무겁다　　더 가볍다

• 수박은 참외보다 더 무겁습니다.
• 참외는 수박보다 더 가볍습니다.

● 가장 무거운 것, 가장 가벼운 것 찾기

가장 무겁다　　　　가장 가볍다

• 수박이 가장 무겁고, 딸기가 가장 가볍습니다.

1 농구공과 풍선 중 어느 것이 더 무거울까요?

농구공과 풍선을 양손에 들고 직접 비교해 봅니다.

2 더 가벼운 사람은 누구인가요?

서우

준우

시소에서는 내려간 쪽의 무게가 더 무겁습니다.

3 가장 무거운 동물에 ○표 하세요.

강아지　　　다람쥐　　　코끼리
(　　)　　(　　)　　(　　)

4 가장 무거운 유리병에 ○표, 가장 가벼운 유리병에 △표 하세요.

(　)　(　)　(　)　(　)

두 개보다 많은 물건의 무게를 비교할 때에는 '가장 무겁다', '가장 가볍다'라고 나타냅니다.

핵심 응용

세 학생이 시소를 타고 있습니다. 가장 무거운 학생부터 순서대로 이름을 써 보세요.

지혜   서우   재우   서우

4
단원

생각 열기 시소에서는 더 무거운 쪽이 아래로 내려갑니다.

 풀이 왼쪽 그림에서 ☐ 는 ☐ 보다 더 무겁고, 오른쪽 그림에서 ☐ 는 ☐ 보다 더 무겁습니다. 따라서 가장 무거운 학생은 ☐ 이고, 가장 가벼운 학생은 ☐ 이므로 가장 무거운 학생부터 순서대로 이름을 쓰면 ☐, ☐, ☐ 입니다.

답 _____

 1 아버지, 어머니, 삼촌의 몸무게를 비교하였습니다. 가장 가벼운 사람부터 순서대로 써 보세요.

삼촌   어머니   삼촌   아버지

 2 연필의 무게는 구슬 **2**개의 무게와 같고, 지우개의 무게는 구슬 **7**개의 무게와 같습니다. 연필, 지우개, 구슬의 무게를 가장 무거운 것부터 순서대로 써 보세요. (단, 구슬의 무게는 모두 같습니다.)

더 넓은 것, 더 좁은 것 찾기

더 넓다　　　　　더 좁다

- 공책은 색종이보다 더 넓습니다.
- 색종이는 공책보다 더 좁습니다.

가장 넓은 것, 가장 좁은 것 찾기

가장 넓다　　　　　　　가장 좁다

- 칠판이 가장 넓고, 우표가 가장 좁습니다.

Jump 도우미

1 더 좁은 것에 △표 하세요.

(　　　)　　　　(　　　　)

★ 수첩과 스케치북을 겹쳤을 때, 남는 부분의 넓이를 비교해 봅니다.

2 그림을 보고 알맞은 말에 ○표 하세요.

달력은 칠판보다 더 (좁습니다 , 넓습니다).

3 가장 넓은 색종이에 ○표 하세요.

(　　　)　　　(　　　)　　　(　　　)

★ 색종이를 2장씩 겹쳐 보거나 3장을 한꺼번에 겹쳐 보고, 가장 많이 남는 것을 찾아 봅니다.

4 가장 좁은 것에 △표 하세요.

농구장　　　　탁구대　　　　축구장
(　　　)　　(　　　)　　(　　　)

핵심 응용 왼쪽 색종이보다 더 넓은 것에 ○표, 더 좁은 것에 △표 하세요.

	동화책	동전	연	우표
	( )	( )	( )	( )

생각열기 색종이를 물건에 직접 맞대어 넓이를 비교해 봅니다.

풀이 색종이를 물건에 직접 맞대었을 때 색종이 부분이 남으면 색종이보다 더 □ 것이고, 색종이 부분이 모자라면 색종이보다 더 □ 것입니다.

따라서 색종이보다 더 넓은 것은 □, □이고, 색종이보다 더 좁은 것은 □, □입니다.

4 단원

확인 1 기영이네 밭에 그림과 같이 감자와 고구마를 심었습니다. 더 넓은 부분에 심은 것은 무엇인가요?

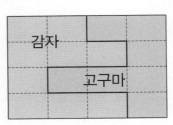

확인 2 다음 중에서 가장 넓게 색칠한 것에 ○표 하세요.

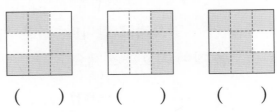

( )　　　( )　　　( )

🌑 더 많이 담을 수 있는 것, 더 적게 담을 수 있는 것 찾기

　(가)　　　(나)

　　더 많다　　　더 적다

• (가)는 (나)보다 담을 수 있는 물의 양이 더 많습니다.
• (나)는 (가)보다 담을 수 있는 물의 양이 더 적습니다.

🌑 가장 많이 담을 수 있는 것, 가장 적게 담을 수 있는 것 찾기

(가)　(나)　(다)

　가장 많다　　　　가장 적다

• (가)에 담을 수 있는 물의 양이 가장 많고, (다)에 담을 수 있는 물의 양이 가장 적습니다.

1 물이 더 적게 담겨 있는 그릇에 △표 하세요.

　(　)　　　　(　)

✦ 그릇의 모양과 크기가 같을 때에는 물의 높이를 비교합니다.

2 물이 더 많이 담겨 있는 컵을 찾아 기호를 쓰세요.

(가) 　　(나)

3 담을 수 있는 물의 양이 더 적은 컵에 △표 하세요.

　(　)　　(　)

✦ 컵의 모양과 크기가 다를 때에는 컵의 크기를 비교합니다.

4 다음 그릇에 물을 가득 담으려고 합니다. 물을 가장 많이 담을 수 있는 그릇을 찾아 기호를 쓰세요.

(가) 　　(나) 　　(다)

핵심 응용 다음 그림과 같이 그릇에 물이 담겨 있습니다. 물이 가장 많이 담겨 있는 것부터 순서대로 기호를 쓰세요.

생각열기 세 그릇의 모양과 크기를 비교해 봅니다.

풀이 물의 높이가 모두 같으므로 담긴 물의 양은 그릇의 크기가 클수록 더

☐

따라서 물이 가장 많이 담겨 있는 것은 그릇의 크기가 가장 큰 ☐ 이고,

물이 가장 적게 담겨 있는 것은 그릇의 크기가 가장 작은 ☐ 이므로

물이 가장 많이 담겨 있는 것부터 순서대로 기호를 쓰면 ☐ , ☐ , ☐

입니다.

답 _____

확인 **1** 물이 일정하게 나오는 수도꼭지로 주전자를 가득 채우는 데 **3**분이 걸리고, 물통을 가득 채우는 데 **5**분이 걸렸습니다. 주전자와 물통 중에서 담을 수 있는 물의 양이 더 많은 것은 어느 것인가요?

확인 **2** 각각의 그릇에 물을 가득 담을 때, 담을 수 있는 물의 양이 가장 많은 것부터 순서대로 기호를 쓰세요.

가   나   다   라

1 미루, 소미, 지혜 세 사람은 땅따먹기 놀이를 하였습니다. 오른쪽과 같이 미루가 차지한 땅에는 파란색, 소미가 차지한 땅에는 빨간색, 지혜가 차지한 땅에는 초록색을 칠했습니다. 차지한 땅이 가장 넓은 사람부터 순서대로 이름을 써 보세요.

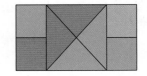

2 서준, 준우, 지혜의 방의 넓이를 비교하여 방이 넓은 사람부터 순서대로 써 보세요.

> 서준 : 내 방은 준우의 방보다 더 좁아.
> 준우 : 내 방은 지혜의 방보다 더 넓어.
> 지혜 : 서준이의 방은 내 방보다 더 넓어.

3 서준이네 아파트 ㉮동, ㉯동, ㉰동, ㉱동 중에서 가장 높은 동은 어느 동인가요?

> • 아파트 ㉯동은 ㉮동보다 높습니다.
> • 아파트 ㉰동은 가장 낮습니다.
> • 아파트 ㉯동은 ㉱동보다 낮습니다.

4 막대의 양쪽 줄에 매달린 수의 크기가 같아야 [보기]처럼 기울어지지 않습니다. ㉠에 들어갈 수는 얼마인가요? (단, 줄과 막대의 무게는 생각하지 않습니다.)

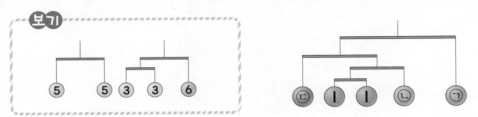

5 그림을 보고 가장 무거운 과일의 이름을 써 보세요.

6 오른쪽 그림과 같이 지혜네 집에서 학교까지 가는 길은 **가**와 **나** 두 가지 길이 있습니다. 어느 길로 가는 것이 더 가까운가요?

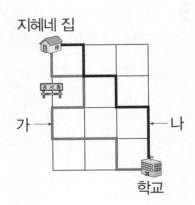

7 가, 나, 다 세 그릇에 똑같은 양의 물을 담았더니 그림과 같았습니다. 세 그릇에 물을 가득 담을 때, 담을 수 있는 물의 양이 가장 많은 그릇은 어느 것인가요?

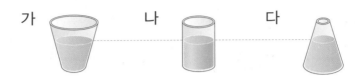

8 서우, 소미, 유승이는 같은 아파트에 삽니다. 서우는 **3**층에 살고, 소미는 서우네 집보다 **4**층 더 높은 곳에, 유승이는 소미보다 **2**층 더 낮은 곳에 삽니다. 가장 낮은 층에 사는 사람은 누구인가요?

9 기영이와 유은이는 가위바위보를 하여 이기는 사람만 계단을 한 칸씩 올라가는 게임을 하였습니다. 두 사람은 같은 곳에서 출발하였고 가위바위보 결과가 다음과 같을 때, 더 높이 올라간 사람은 누구인가요?

기영	가위	바위	가위	보	보	바위	가위	보
유은	보	바위	바위	가위	바위	보	보	가위

10 다음은 ㉮, ㉯, ㉰, ㉱ **4**개의 막대의 길이를 비교한 것입니다. 길이가 가장 긴 막대부터 순서대로 써 보세요.

> • ㉰ 막대는 ㉮ 막대보다 더 짧습니다.
> • ㉱ 막대는 ㉮ 막대보다 더 깁니다.
> • ㉱ 막대는 ㉯ 막대보다 더 짧습니다.

11 **3**개의 구슬 ㉮, ㉯, ㉰가 있습니다. ㉮ 구슬 **1**개의 무게는 ㉰ 구슬 몇 개의 무게와 같은가요?

12 각각의 무게가 같은 쇠구슬을 이용하여 과일의 무게를 알아보려고 합니다. 귤과 키위의 무게의 합은 쇠구슬 **5**개의 무게와 같고, 키위와 사과의 무게의 합은 쇠구슬 **6**개의 무게와 같습니다. 키위가 쇠구슬 **2**개의 무게와 같다면 귤과 사과의 무게의 합은 쇠구슬 몇 개의 무게와 같은가요?

13 오른쪽 그림과 같은 모양의 정원에 꽃을 심으려고 합니다. 빨간색 부분에는 장미를 심고, 노란색 부분에는 해바라기를 심고, 보라색 부분에는 무궁화를 심는다면 어느 꽃을 심는 부분의 넓이가 가장 넓은가요?

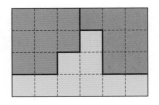

14 다음을 읽고 가장 가벼운 사람부터 순서대로 이름을 써 보세요.

> • 준우는 고운이와 재우보다 가볍습니다.
> • 고운이는 지혜보다 무겁고 재우보다 가볍습니다.
> • 지혜는 준우보다 가볍습니다.

15 색종이를 다음과 같이 접었다 펼친 후 접힌 선을 따라 잘라 여러 개의 작은 조각으로 만들었습니다. 처음 색종이의 넓이는 만들어진 작은 조각 몇 개의 넓이와 같은가요?

16 각각의 크기가 같은  모양을 서우는 **3**개, 유은이는 **6**개, 기영이는 **8**개 가지고 있습니다. 서우는 한 층에 **1**개씩 쌓았고, 유은이는 한 층에 **3**개씩 쌓았습니다. 또, 기영이는 한 층에 **2**개씩 쌓았을 때, 가장 낮게 쌓은 사람은 누구인가요?

17 다음 그림과 같이 세 명의 어린이가 시소를 타고 있습니다. 가장 가벼운 어린이부터 순서대로 이름을 써 보세요.

| 소미 | 미루 | 지우 | 소미 | 지우 | 미루 |

18 한별이는 크기가 서로 다른 가, 나, 다 **3**개의 컵을 가지고 있습니다. 나 컵에 물을 가득 담아 가 컵에 부으면 물이 모자르고, 다 컵에 부으면 물이 흘러 넘칩니다. 담을 수 있는 물의 양이 가장 적은 컵부터 순서대로 기호를 쓰세요.

1 그림을 보고 자의 길이는 클립 몇 개를 이은 길이와 같은지 구해 보세요.

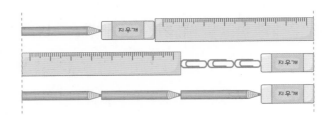

2 과일들을 양팔저울에 달아 보았더니 다음과 같았습니다. 가장 무거운 과일과 가장 가벼운 과일을 찾아 쓰세요.

> • 수박과 배를 올려 놓으면 배 쪽이 올라갑니다.
> • 사과와 오렌지를 올려 놓으면 사과 쪽이 내려갑니다.
> • 배와 오렌지를 올려 놓으면 오렌지 쪽이 올라갑니다.
> • 수박과 사과를 올려 놓으면 수박 쪽이 내려갑니다.

3 다음 글을 읽고 키가 가장 작은 학생은 누구인가요?

> • 유승이는 송이보다 크고, 효심이는 유은이보다 작습니다.
> • 효심이는 유승이보다 크고, 송이는 유은이보다 작습니다.

4 다음 글을 읽고 배 한 개의 무게는 감 몇 개의 무게와 같은지 구해 보세요.

> • 배 **2**개의 무게는 사과 **3**개의 무게와 같습니다.
> • 감 **4**개의 무게는 사과 **2**개의 무게와 같습니다.

5 가, 나, 다 그릇 **3**개가 있습니다. 가 그릇에 물을 가득 담아 나 그릇에 부었더니 물이 넘쳐 흘렀습니다. 또, 다 그릇에 물을 가득 담아 가 그릇에 부었더니 물이 넘쳐 흘렀습니다. 담을 수 있는 물의 양이 가장 적은 그릇은 어느 것인가요?

6 오른쪽은 소미네 동네의 길을 선으로 나타낸 것 입니다. 집에서 가, 나, 다, 라까지 가장 가까운 길로 각각 가려고 할 때, 가장 먼 곳은 어디인가요?

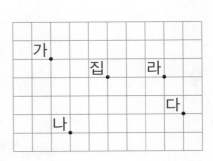

7 무게가 같은 ㉮, ㉯, ㉰ 세 개의 컵에 무게가 같은 구슬을 몇 개씩 넣었습니다. 세 개의 컵에 들어 있는 구슬의 개수의 관계가 다음과 같을 때, 가장 무거운 컵과 가장 가벼운 컵에 들어 있는 구슬의 개수의 차는 몇 개인가요?

> • ㉮와 ㉯ 컵에 들어 있는 구슬의 합은 **7**개입니다.
> • ㉯와 ㉰ 컵에 들어 있는 구슬의 합은 **8**개입니다.
> • ㉮와 ㉰ 컵에 들어 있는 구슬의 합은 **5**개입니다.

8 오른쪽 그림의 ㉠에서 ㉡까지 선을 따라 가는 방법 중에서 가장 짧은 길로 가는 방법은 모두 몇 가지인가요?

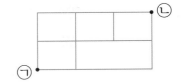

9 그림을 보고 가장 가벼운 것부터 순서대로 써 보세요.

10 각각의 두께가 같은 동전 **4**개를 쌓은 높이는 공책 **2**권을 쌓은 높이와 같습니다. 동전 **7**개를 쌓은 높이와 공책 **3**권을 쌓은 높이 중 어느 쪽이 더 높은가요?

11 키가 가장 작은 사람부터 순서대로 이름을 써 보세요.

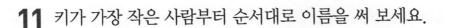

- 서우는 지혜보다 크고 고운이보다 작습니다.
- 영수는 서우보다 크고 유은이보다 작습니다.
- 유은이는 고운이보다 큽니다.
- 고운이는 영수보다 작습니다.

12 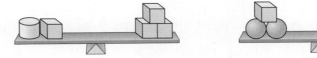,  모양 중에서 둘째로 무거운 것은 어떤 모양인가요?

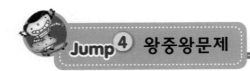
13 ㉠에서 ㉡까지 선을 따라 갈 때, 가장 짧은 길로 가는 방법은 모두 몇 가지인가요?

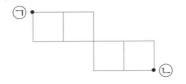

14 다음 그림은 각각의 무게가 같은 사과, 귤, 감, 배의 무게를 잰 것입니다. 배 l개의 무게는 귤 몇 개의 무게와 같은가요?

15 참외, 복숭아, 귤의 무게를 비교한 것입니다. 다음 을 보고 참외 l개의 무게는 귤 몇 개의 무게와 같은지 구해 보세요. (단, 같은 과일끼리는 무게가 같습니다.)

> **조건**
> • 참외 l개와 귤 l개의 무게의 합은 복숭아 2개의 무게와 같습니다.
> • 복숭아 l개의 무게는 귤 2개의 무게와 같습니다.

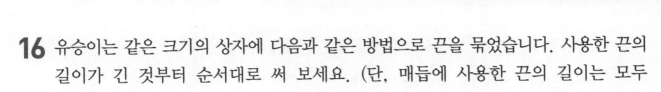

16 유승이는 같은 크기의 상자에 다음과 같은 방법으로 끈을 묶었습니다. 사용한 끈의 길이가 긴 것부터 순서대로 써 보세요. (단, 매듭에 사용한 끈의 길이는 모두 같습니다.)

17 ㉮, ㉯, ㉰, ㉱, ㉲ 5개의 그릇이 있습니다. ㉮에 물을 가득 채우는 데 ㉯로 4번, ㉰로는 3번을 부어야 했습니다. 또 ㉱는 ㉮로 2번 부으면 가득 차고, ㉲는 ㉮로 5번 부으면 가득 찼습니다. 5개의 그릇들 중에서 넷째로 물을 많이 담을 수 있는 그릇은 어느 것인가요?

18 ㉮, ㉯, ㉰ 세 종류의 컵에 물을 가득 채웠습니다. 다음의 조건 에서 가장 큰 컵은 ㉮, ㉯, ㉰ 중에 어느 것이고 무슨 색깔인지 구해 보세요.

>
>
> • ㉮ 컵은 노란색입니다.
> • ㉯ 컵은 가장 작습니다.
> • ㉮ 컵에 가득 채운 물로 ㉰컵을 가득 채울 수 없습니다.
> • 같은 빠르기로 물을 채울 때 초록색 컵에 물을 가득 채우는 시간은 보라색 컵에 물을 가득 채우는 시간보다 오래 걸립니다.

1 그림과 같이 유승이와 가영이는 무게가 같은 추를 저울에 달아 수의 크기를 비교하려고 합니다. 물음에 답하세요.

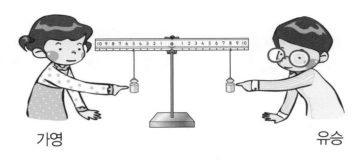

가영   유승

(1) 저울은 가영이와 유승이 중 어느 쪽으로 기울어지겠나요?

(2) 저울을 수평으로 만들기 위해서는 추 1개를 어디에 더 달아야 하나요?

2 준우, 지혜, 미루는 시소를 타고 있습니다. 세 학생 중 가장 무거운 학생과 수박, 모니터, 의자 중 가장 무거운 것을 찾아 쓰세요. (단, 같은 물건의 무게는 같습니다.)

💬 이야기 수학

🏠 이집트의 숫자

피라미드로 유명한 고대 이집트에서는 다음과 같은 숫자를 사용하였습니다.

아라비아 숫자	1	2	3	4	5	6	7	8	9	10
이집트 숫자	Ⅰ	ⅠⅠ	ⅠⅠⅠ	ⅠⅠⅠⅠ	ⅠⅠⅠ / ⅠⅠ	ⅠⅠⅠ	ⅠⅠⅠⅠ	ⅠⅠⅠⅠ	ⅠⅠⅠⅠⅠ	∩

아라비아 숫자	11	15	19	20	22	30
이집트 숫자	∩Ⅰ	∩ⅠⅠⅠ	∩ⅠⅠⅠⅠ	∩∩	∩∩ⅠⅠ	∩∩∩

1. 10 알아보기
- **9**보다 **1**만큼 더 큰 수를 **10**이라고 합니다.
- **10**은 십 또는 열이라고 읽습니다.

10
(십, 열)

2. 10 모으기와 가르기

10 가르기   10 모으기

Jump 도우미

1 □ 안에 알맞은 수를 써넣으세요.

10은 **9**보다 □만큼 더 큰 수입니다.

★ 10의 크기
- **9**보다 **1**만큼 더 큰 수
- **8**보다 **2**만큼 더 큰 수
- **7**보다 **3**만큼 더 큰 수
- **6**보다 **4**만큼 더 큰 수
- **5**보다 **5**만큼 더 큰 수
- **4**보다 **6**만큼 더 큰 수
- **3**보다 **7**만큼 더 큰 수
- **2**보다 **8**만큼 더 큰 수
- **1**보다 **9**만큼 더 큰 수

2 □ 안에 알맞은 수를 써넣으세요.

> **7**과 **3**을 모으면 □이 됩니다.

3 미루는 동화책을 **10**장 읽으려고 합니다. 지금까지 **8**장 읽었습니다. 앞으로 몇 장 더 읽어야 하나요?

4 색연필이 **6**자루 있습니다. 색연필이 몇 자루 더 있어야 **10**자루가 되나요?

 서우와 기영이는 각각 **5**장의 수 카드를 가지고 있습니다. 기영이가 가지고 있는 수 카드의 합은 서우가 가지고 있는 수 카드의 합보다 얼마만큼 더 큰가요?

서우   기영

 각각의 카드의 수의 차를 구한 후 더합니다.

풀이 $2-1=\boxed{}$, $4-3=\boxed{}$, $6-5=\boxed{}$, $8-7=\boxed{}$, $10-9=\boxed{}$

기영이의 수 카드의 합은 서우의 수 카드의 합보다 **1**씩 $\boxed{}$번 큰 수입니다.

따라서 기영이의 수 카드의 합은 서우의 수 카드의 합보다

$1+1+1+1+1=\boxed{}$만큼 더 큽니다.   답 ＿＿＿＿＿＿

5
단원

 1 ☐ 안에 알맞은 수를 써넣으세요.

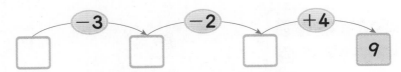

 2 **1**부터 **10**까지의 수 중에서 두 수의 합이 **10**이고, 두 수의 차가 **4**인 두 수를 구해 보세요.

 3 어떤 수보다 **2**만큼 더 작은 수는 **5**입니다. **10**은 어떤 수보다 얼마만큼 더 큰 수인가요?

10개씩 묶음	낱개
1	3

➡ **13**
(십삼, 열셋)

· 10개씩 묶음 1개와 낱개 3개를 13이라고 합니다.
· 13은 십삼 또는 열셋이라고 읽습니다.

11	12	13	14	15	16	17	18	19
십일	십이	십삼	십사	십오	십육	십칠	십팔	십구
열하나	열둘	열셋	열넷	열다섯	열여섯	열일곱	열여덟	열아홉

Jump 도우미

1 관계있는 것끼리 선으로 이어 보세요.

· 열다섯 · · 14

· 열넷 · · 11

· 열하나 · · 15

10개씩 묶음 1개와 낱개 3개는 낱개 13개와 같습니다.

‖

2 구슬이 10개씩 1묶음이 있고, 낱개가 9개 있습니다. 구슬은 모두 몇 개 있나요?

★ 10개씩 묶음 1개는 10입니다.

3 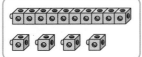 사과가 18개 있습니다. 빈칸에 알맞은 수를 써넣으세요.

10개씩 묶음	낱개

★ ■▲는 10개씩 묶음 ■개와 낱개 ▲개입니다.

핵심 응용 오른쪽은 어떤 규칙에 따라 수를 써놓은 것입니다. ㉠에 알맞은 수는 얼마인가요?

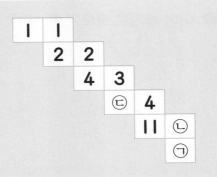

 수를 써 놓은 규칙을 모두 찾아봅니다.

풀이 [규칙 1] ➡ 1+1=2, 2+2=4이므로 ㉢=4+3=☐

[규칙 2] ➡ 각 줄의 오른쪽에 있는 수들은 1, 2, 3, 4, ㉡이고
1부터 ☐씩 커지므로 ㉡=4+☐=☐입니다.

따라서 ㉠=11+☐=☐입니다.

답 _____

1 다음 설명에 알맞은 수는 얼마인가요?

• 10개씩 묶음의 수와 낱개의 수를 더하면 9가 됩니다.
• 낱개의 수는 10개씩 묶음의 수보다 7만큼 더 큽니다.

2 다음 식에서 같은 모양은 같은 수를 나타냅니다. ㉠에 알맞은 수는 얼마인가요?

5+●=8　　●+■=13
■−▲=1　　●+▲=㉠

3 유승이는 달걀을 몇 개 가지고 있었습니다. 빵을 1개 만드는 데 달걀이 3개씩 필요합니다. 빵을 모두 5개를 만들었더니 달걀이 2개 남았다면 유승이가 처음에 가지고 있던 달걀은 몇 개인가요?

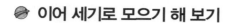

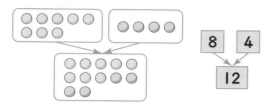 

1 모으기를 해 보고 □ 안에 알맞은 수를 써넣으세요.

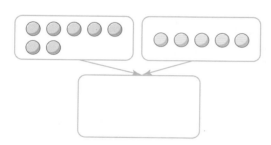 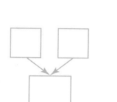

2 두 수로 가르기를 해 보고 □ 안에 알맞은 수를 써넣으세요.

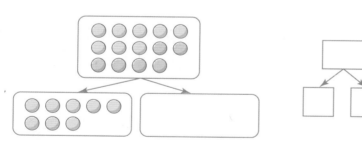

3 빈칸에 알맞은 수를 써넣으세요.

(1)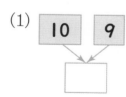

(2)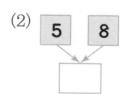

(3)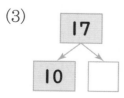

(4)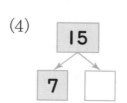

*7 다음의 수 8부터 이어 세기로 모으기를 합니다.

*14개의 그림 중 8개를 지우고 남은 개수를 그립니다.

Jump② 핵심응용하기

 핵심 응용

사탕이 **12**개 있습니다. 이 사탕을 형과 동생이 나누어 가지려고 합니다. 형이 동생보다 많이 가질 수 있는 방법은 모두 몇 가지가 있나요?

(단, 형과 동생은 각각 적어도 한 개씩은 갖습니다.)

> **생각 열기** **12**를 두 수로 가르기하여 알아봅니다.

풀이 형이 동생보다 많이 가질 수 있도록 **12**를 두 수로 가르기 하면

(**11**, **1**), (**10**, ☐), (**9**, ☐), (☐, **4**), (☐, **5**)이므로 모두 ☐가지

입니다.

답 _____

 1 **0**을 제외한 서로 다른 두 수를 모아서 **16**을 만드는 방법은 모두 몇 가지인가요? (단, 수의 순서가 바뀐 경우는 한 가지로 생각합니다.)

 2 송이와 고운이는 귤 **13**개를 나누어 가졌습니다. 송이가 고운이보다 **3**개를 더 가졌다면 고운이는 귤을 몇 개 가졌나요?

 3 오른쪽 그림은 수를 연속하여 가르기한 것입니다. ㄱ, ㄴ, ㄷ에 알맞은 수를 각각 구해 보세요.

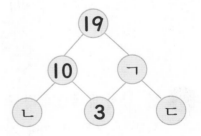

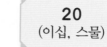

10개씩 묶음	낱개
2	0

➡ **20**
(이십, 스물)

· 10개씩 묶음 **2**개를 **20**이라고 합니다.
· **20**은 이십 또는 스물이라고 읽습니다.

30(삼십, 서른)   **40**(사십, 마흔)   **50**(오십, 쉰)

Jump 도우미

① 곶감은 모두 몇 개인가요?

> ★ 10개씩 묶음 1개 ➡ 10
> 10개씩 묶음 2개 ➡ 20
> 10개씩 묶음 3개 ➡ 30
> 10개씩 묶음 4개 ➡ 40
> 10개씩 묶음 5개 ➡ 50

② 관계있는 것끼리 선으로 이어 보세요.

·   · **30** ·   · 10개씩 묶음 **3**개

·   · **50** ·   · 10개씩 묶음 **5**개

③ 한 상자에 **10**개씩 들어 있는 사과가 **4**상자 있습니다. 사과는 모두 몇 개인가요?

> ★ 10개씩 묶음 ■개는 ■0입니다.

핵심 응용 소미는 한 상자에 10개씩 들어 있는 초콜릿을 2상자 샀습니다. 미루도 같은 초콜릿을 1상자 샀다면, 소미와 미루가 산 초콜릿은 모두 몇 개인가요?

 초콜릿이 10개씩 몇 상자인지 알아봅니다.

풀이 소미가 산 초콜릿은 10개씩 ☐ 상자이고, 미루가 산 초콜릿은 10개씩

☐ 상자이므로 소미와 미루가 산 초콜릿은 모두 10개씩

2+☐=☐ (상자)입니다.

따라서 10개씩 묶음 3개는 ☐ 이므로 소미와 미루가 산 초콜릿은 모두

☐ 개입니다.

답 _____

5 단원

 1 미루가 가지고 있는 색종이는 10장씩 4묶음입니다. 이 중에서 재우에게 10장씩 2묶음을 준다면 미루에게 남은 색종이는 몇 장인가요?

 2 영수는 사탕 17개를 모아 놓았습니다. 오늘 어머니 심부름을 하고 13개의 사탕을 받았습니다. 이 사탕들을 10개씩 봉지에 넣어 친구들에게 선물을 하려고 합니다. 사탕은 모두 몇 개인가요? 또, 몇 명에게 선물을 할 수 있나요?

 3 효심이네 가족은 밭에서 참외를 땄습니다. 효심이는 9개, 아버지는 19개, 어머니는 16개의 참외를 땄습니다. 딴 참외를 10개씩 상자에 담아서만 팔았다면 팔린 참외는 몇 상자인가요? 또, 팔린 참외는 모두 몇 개인가요?

10개씩 묶음	낱개
2	4

➡

24
(이십사, 스물넷)

• 10개씩 묶음 **2**개와 낱개 **4**개를 **24**라고 합니다.
• **24**는 이십사 또는 스물넷이라고 읽습니다.

Jump 도우미

① 다음을 숫자로 써 보세요.

(1) 이십칠　　➡　(　　　　　)
(2) 삼십사　　➡　(　　　　　)
(3) 마흔하나　➡　(　　　　　)
(4) 서른아홉　➡　(　　　　　)

② **보기** 와 같이 두 가지 방법으로 읽어 보세요.

보기

| 45 | ➡ 사십오, 마흔다섯 |

| 29 | ➡ ＿＿＿＿＿ , ＿＿＿＿＿ |

③ 연결큐브가 10개씩 묶음 2개와 낱개 6개가 있습니다. 연결큐브는 모두 몇 개인가요?

④ 딸기가 서른여덟 개 있습니다. 빈칸에 알맞은 수를 써 넣으세요.

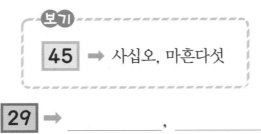

10개씩 묶음	낱개

★ 스물여덟 ➡ 28
　20　8
　사십육 ➡ 46
　40　6

주의

45를 '사십다섯'이라고 읽지는 않습니다.

★ 10개씩 묶음 1개와 낱개 5개는 15입니다.

10개씩 묶음 1개
낱개 5개
}15

핵심 응용 유승이는 사탕을 10개씩 3봉지와 낱개 2개를 가지고 있습니다. 고운이가 유승이에게 사탕 14개를 더 준다면 유승이가 가지고 있는 사탕은 모두 몇 개가 되나요?

생각 열기 유승이가 가지고 있던 사탕의 수와 고운이가 유승이에게 주는 사탕의 수를 더합니다.

풀이 고운이가 유승이에게 주는 사탕 14개는 10개씩 ☐봉지와 낱개 ☐개와 같습니다.

따라서 유승이가 가지고 있는 사탕은 10개씩 ☐봉지와 낱개 ☐개가

되므로 모두 ☐개가 됩니다.

답 _____

1 재우는 빨간 구슬은 10개씩 묶음 1개와 낱개 1개를 가지고 있고, 파란 구슬은 10개씩 묶음 2개와 낱개 7개를 가지고 있습니다. 재우가 가지고 있는 구슬은 모두 몇 개인가요?

2 서우는 야구공을 10개씩 묶음 3개와 낱개 13개를 가지고 있습니다. 서우가 가지고 있는 야구공은 모두 몇 개인가요?

3 준우는 한 봉지에 10개씩 들어 있는 군밤을 4봉지 가지고 있었습니다. 이 중 1봉지와 낱개 6개를 친구들에게 나누어 주었습니다. 준우에게 남은 군밤은 몇 개인가요?

1	2	3	4	5	6	7	8	9	10
11	12	13	14	15	16	17	18	19	20
21	22	23	24	25	26	27	28	29	30
31	32	33	34	35	36	37	38	39	40
41	42	43	44	45	46	47	48	49	50

1 수의 순서에 맞게 빈 곳에 알맞은 수를 써넣으세요.

(1) 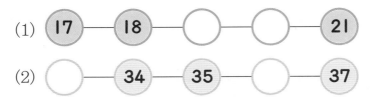 17 — 18 — ○ — ○ — 21

(2) ○ — 34 — 35 — ○ — 37

★ 17보다 1만큼 더 큰 수는 18이고, 17보다 1만큼 더 작은 수는 16입니다.

2 수의 순서에 맞게 빈칸에 알맞은 수를 써넣으세요.

20		22	23	
	26		28	29
30			33	

3 빈 곳에 알맞은 수를 써넣으세요.

(1) 1만큼 더 작은 수　　　　　1만큼 더 큰 수

　　□ — 13 — □

(2) 1만큼 더 작은 수　　　　　1만큼 더 큰 수

　　□ — 마흔 — □

수를 순서대로 늘어놓았을 때, 바로 뒤의 수는 1만큼 더 큰 수이고, 바로 앞의 수는 1만큼 더 작은 수입니다.

핵심 응용 다음은 어떤 규칙에 따라 수를 늘어놓아 만든 표가 찢어져 있는 것입니다. ★에 알맞은 수는 얼마인가요?

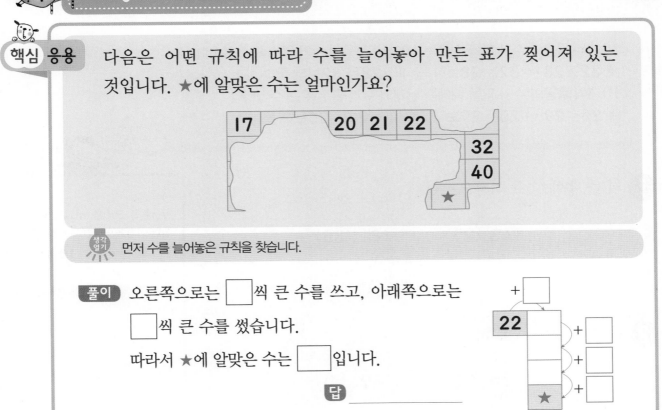

생각
열기 먼저 수를 늘어놓은 규칙을 찾습니다.

풀이 오른쪽으로는 ☐씩 큰 수를 쓰고, 아래쪽으로는

☐씩 큰 수를 썼습니다.

따라서 ★에 알맞은 수는 ☐입니다.

답 _____

5 단원

확인 **1** 규칙에 따라 수를 썼습니다. 색칠한 부분에 알맞은 수는 얼마인가요?

		20		22		24		
	28	29			32			36

확인 **2** 규칙에 따라 수를 썼습니다. ㉠과 ㉡에 알맞은 수는 얼마인가요?

4	8	12
		㉠
32	36	㉡

확인 **3** 규칙에 따라 네 개의 수를 늘어놓은 것입니다. ㉠과 ㉡에 들어갈 수는 각각 얼마인가요?

13	18	23	28	13
18	23	㉠	13	18
23	28	13	㉡	23
28	13	18	23	28

- **10**개씩 묶음의 수가 다를 때에는 **10**개씩 묶음의 수가 클수록 큰 수입니다.
  (예) **32＞28** ➡ **32**는 **28**보다 큽니다. **28**은 **32**보다 작습니다.
- **10**개씩 묶음의 수가 같을 때에는 낱개의 수가 클수록 큰 수입니다.
  (예) **25＜29** ➡ **25**는 **29**보다 작습니다. **29**는 **25**보다 큽니다.

1 더 큰 수에 ○표 하세요.

$$(43 , 27) \qquad (31 , 35)$$

두 수의 크기를 비교할 때에는 **10**개씩 묶음의 수가 클수록 큰 수이고, **10**개씩 묶음의 수가 같으면 낱개의 수가 클수록 큰 수입니다.

2 더 작은 수에 △표 하세요.

$$(26 , 21) \qquad (49 , 50)$$

3 준우와 동생은 똑같은 동화책을 읽었습니다. 준우는 **31**쪽, 동생은 **29**쪽을 읽었습니다. 누가 동화책을 더 많이 읽었나요?

★ **31**과 **29**의 크기를 비교해 봅니다.

4 가장 큰 수에 ○표, 가장 작은 수에 △표 하세요.

$$25 , 17 , 41 , 18$$

★ **10**개씩 묶음의 수를 먼저 비교한 다음, 같으면 낱개의 수를 비교합니다.

5 **36**보다 크고 **40**보다 작은 수를 모두 써 보세요.

핵심 응용 다음은 사과와 귤의 개수를 나타낸 것입니다. 사과와 귤 중 어느 것이 더 많은가요?

	10개씩 묶음	낱개
사과	4	7
귤	3	12

생각 열기 사과와 귤의 개수를 각각 구하여 크기를 비교합니다.

풀이 사과는 10개씩 묶음 4개와 낱개 7개이므로 □개입니다.

귤의 낱개 12개는 10개씩 묶음 □개와 낱개 □개와 같습니다.

따라서 귤은 10개씩 묶음 □개와 낱개 □개이므로 □개입니다.

사과와 귤은 10개씩 묶음의 수가 같으므로 낱개의 수를 비교하면

□가 더 많습니다.

답 _____

5
단원

확인 1 □ 안에 알맞은 수는 모두 몇 개인가요?

9 < □ < 20

확인 2 다음은 세 명의 학생들이 가지고 있는 구슬의 수입니다. 구슬을 가장 적게 가지고 있는 학생부터 순서대로 이름을 써 보세요.

• 효심 : 서른다섯 개
• 준우 : 10개씩 묶음 2개와 낱개 7개
• 기영 : 10개씩 묶음 3개와 낱개 14개

1 다음과 같이 **5**장의 숫자 카드가 있습니다. 서로 다른 **2**장의 숫자 카드를 사용하여 만들 수 있는 몇십 또는 몇십 몇 중에서 **46**보다 작은 수는 모두 몇 개인가요?

7 0 3 4 2

2 **23**명의 유은이네 반 학생들은 키가 가장 큰 학생부터 순서대로 반 번호가 정해졌습니다. 넷째로 작은 학생은 몇 번인가요?

3 규칙을 찾아 ㉠에 알맞은 수를 구해 보세요.

4 규형이네 마을 학생들이 가지고 있는 카드의 수를 조사하였습니다. 카드를 13장 보다 적게 가지고 있는 학생은 21장보다 많이 가지고 있는 학생보다 몇 명 더 많은가요?

16장	15장	20장	10장	13장	17장	4장	14장
11장	19장	18장	13장	4장	9장	21장	6장
14장	25장	32장	8장	29장	12장	27장	24장
23장	15장	17장	18장	9장	34장	36장	14장

5 상현이의 나이는 동생보다 3살 더 많고, 상현이와 동생의 나이의 합은 15살입니다. 상현이의 나이는 몇 살인가요?

6 15와 45 사이의 수 중에서 숫자 3이 들어 있는 수는 모두 몇 개인가요?

7 영수는 동화책을 읽고 있습니다. **28**쪽 다음에 몇 장이 찢어져서 바로 **37**쪽으로 넘어갔습니다. 동화책은 몇 장이 찢어졌나요?

8 소미는 초콜릿을 **10**개씩 **2**봉지와 낱개 **25**개를 가지고 있습니다. 이 중에서 동생에게 초콜릿을 **10**개씩 **3**번 주었습니다. 소미에게 남은 초콜릿은 몇 개인가요?

9 **1**부터 **10**까지의 수를 한 번씩만 사용하여 오른쪽 세 개의 덧셈식을 완성하려고 합니다. **9**, **5**, **10**은 이미 사용하였으므로 나머지 수를 가지고 덧셈식을 완성할 때, 사용할 수 <u>없는</u> 수는 무엇인가요?

$$\square + \square = 9$$
$$\square + \square = 5$$
$$\square + \square = 10$$

10 나타내는 수가 더 큰 것을 찾아 기호를 쓰고, 그 수를 두 가지 방법으로 읽어 보세요.

> ㉠ 10개씩 묶음 **3**개와 낱개 **16**개
> ㉡ 10개씩 묶음 **2**개와 낱개 **29**개

11 재우, 소미, 미루 세 사람은 함께 수영장에 가려고 합니다. 세 사람이 모두 함께 수영장에 갈 수 있는 날을 모두 써 보세요.

> • 재우 : 나는 **19**일부터 **27**일까지 갈 수 있어.
> • 소미 : 나는 **18**일부터 **24**일까지 갈 수 있어.
> • 미루 : 나는 **14**일부터 **21**일까지 갈 수 있어.

12 규칙을 찾아 ㉠과 ㉡에 알맞은 수를 각각 구해 보세요.

3	6	9	12
		15	
		21	
㉠	30	33	㉡

13 다음 조건을 모두 만족하는 수를 구해 보세요.

> • 28보다 크고 40보다 작습니다.
> • 10개씩 묶음의 수는 낱개의 수보다 6만큼 더 작습니다.

14 4보다 크고 18보다 작은 홀수는 35보다 크고 42보다 작은 짝수보다 몇 개 더 많은가요?

15 1부터 9까지의 수 중에서 □ 안에 들어갈 수 있는 모든 수의 합은 얼마인가요?

> 47은 □9보다 큽니다.

16 신영이는 10개씩 묶음의 수를 나타내는 빨간색 공과 날개의 수를 나타내는 파란색 공을 각각 1개씩 뽑아 몇십 몇을 만들려고 합니다. 만들 수 있는 수 중에서 아홉째로 큰 수는 얼마인가요?

17 몇십 몇인 ★●가 있습니다. ●는 ★+★일 때, ★●가 될 수 있는 수 중에서 가장 큰 수는 얼마인가요?

18 다음에서 설명하는 수 중에 가장 작은 수와 둘째로 작은 수의 차를 구해 보세요.

> • 몇십 몇으로 나타낼 수 있는 수입니다.
> • 10개씩 묶음의 수와 날개의 수의 합은 **7**입니다.

1 다음과 같이 **6**장의 숫자 카드가 있습니다. 서로 다른 **2**장의 숫자 카드를 사용하여 만들 수 있는 몇십 또는 몇십 몇 중에서 **50**보다 작은 수는 모두 몇 개인가요?

| 6 | 0 | 7 | 2 | 5 | 3 |

2 **23**보다 **10**만큼 더 큰 수와 **50**보다 **5**만큼 더 작은 수 사이에 있는 수는 모두 몇 개인가요?

3 기영이의 생일은 서우의 생일보다 **3**일 빠르고, 지혜의 생일은 기영이의 생일보다 **5**일 늦습니다. 지혜의 생일이 **5**월 **21**일일 때, 서우의 생일은 몇 월 며칠인가요?

4 다음 조건을 모두 만족하는 수를 구해 보세요.

> · **30**과 **50** 사이에 있는 수입니다.
> · **10**개씩 묶음의 수와 낱개의 수가 같습니다.
> · 짝수입니다.

5
단원

5 다음과 같은 **5**장의 숫자 카드 중에서 **2**장을 뽑아 **50**보다 작은 몇십 또는 몇십 몇을 만들려고 합니다. 짝수는 홀수보다 몇 개 더 많이 만들 수 있나요?

2 9 0 4 3

6 **15**와 ㉠ 사이의 수는 모두 **6**개이고, ㉡과 **36** 사이의 수는 모두 **8**개입니다. ㉠보다 크고 ㉡보다 작은 수를 모두 써 보세요. (단, ㉠은 **15**보다 크고 ㉡은 **36**보다 작습니다.)

7 다음을 만족하는 어떤 수가 **7**개일 때, □ 안에 공통으로 들어갈 수 있는 숫자를 구해 보세요.

> 어떤 수는 □**4**보다 크고 **3**□보다 작습니다.

8 연필을 준우는 **10**자루씩 묶음 **2**개와 낱개 **8**자루를 가지고 있고, 지혜는 열아홉 자루보다 세 자루 더 많이 가지고 있습니다. 준우와 지혜가 가진 연필의 수가 서로 같아지려면 준우는 지혜에게 몇 자루를 주어야 하나요?

9 **10**보다 크고 **50**보다 작은 수인 ●▲가 있습니다. ●는 ▲보다 **2**만큼 더 작고, ●와 ▲의 합이 **6**일 때, 이 수는 얼마인가요?

10 상자 안에 바둑돌 **50**개가 들어 있습니다. 지혜네 반 학생들이 상자 속에 손을 넣어 어림하여 바둑돌을 꺼내는 놀이를 하였습니다. 어림하여 꺼낸 바둑돌의 수가 **25**에 가장 가까운 학생은 **5**점, 둘째로 가까운 학생은 **3**점, 셋째로 가까운 학생은 **1**점을 얻을 때, **1**점을 얻은 학생은 누구인가요?

이름	지혜	고운	준우	이준	소미
바둑돌의 수(개)	20	31	28	23	18

11 수를 **1**부터 순서대로 써 나갈 때, ㉠과 ㉡ 사이에 있는 수는 모두 **4**개이고, ㉡과 **24** 사이에 있는 수는 모두 **5**개입니다. ㉡은 ㉠보다 얼마만큼 더 큰 수인가요? (단, ㉡은 **24**보다 작은 수입니다.)

12 다음은 **4**씩 뛰어 센 수를 나타낸 것입니다. **0**부터 **9**까지의 숫자 중에서 ㉠에 알맞은 수를 구해 보세요.

13 다음은 유은이가 가지고 있는 구슬을 색깔별로 조사한 것입니다. 빨간색 구슬이 파란색 구슬보다 **4**개 더 많고, 노란색 구슬이 가장 많습니다. 초록색 구슬이 파란색 구슬보다 **1**개 더 적다면 초록색 구슬은 몇 개인가요?

색깔	빨간색	파란색	초록색	노란색
개수(개)	4□	3□		41

14 준우, 유승, 기영이는 다음과 같이 색종이를 가지고 있습니다. 세 사람은 색종이를 각각 몇 장씩 가지고 있나요?

- 준우 : 유승이보다 **20**장 더 많이 가지고 있습니다.
- 유승 : **3**장만 더 모으면 **10**장씩 묶음이 **2**개가 됩니다.
- 기영 : 준우보다 **10**장 더 적게 가지고 있습니다.

15 면봉으로 다음과 같이 모양을 만들어 나갈 때, 열째에 만들어지는 모양에는 몇 개의 면봉이 필요하나요?

첫째

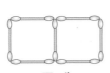

둘째

셋째

...

16 유승이네 반 학생 **22**명은 키가 가장 작은 학생부터 순서대로 한 줄로 서 있습니다. 지우는 앞에서부터 **12**째에 서 있고, 유승이는 뒤에서부터 **15**째에 서 있습니다. 지우와 유승이 사이에는 모두 몇 명의 학생들이 서 있나요?

17 석기는 빨간 주사위와 파란 주사위를 동시에 던지는 놀이를 합니다. 빨간 주사위에 나오는 눈의 수를 **10**개씩 묶음의 수로, 파란 주사위에 나오는 눈의 수를 낱개의 수로 할 때, 석기가 만들 수 있는 수는 모두 몇 가지인가요?

18 아래에서부터 **1**부터 **50**까지의 수가 적힌 계단에서 재우와 기영이가 계단 오르내리기 놀이를 하였습니다. 재우는 **21**이 적힌 계단에서 **4**칸씩 **3**번 위로 올라가고, 기영이는 **48**이 적힌 계단에서 **3**칸씩 몇 번 아래로 내려갔더니 재우와 기영이가 같은 수가 적힌 계단에 있었습니다. 기영이는 **3**칸씩 몇 번 내려갔나요?

1 어떤 규칙에 따라 수들을 늘어놓은 것입니다. 색칠한 부분에 들어갈 수는 얼마인가요?

			27		42	43
				36		44
			32		40	45
				38		46

2 다음 조건을 만족하는 두 수 ㉠과 ㉡ 사이에 있는 수를 모두 순서대로 쓸 때, 숫자 **2**는 모두 몇 번 쓰게 되나요?

> • ㉠과 ㉡은 **10**과 **50** 사이의 수입니다.
> • ㉠의 **10**개씩 묶음의 수와 낱개의 수의 합은 **10**입니다.
> • ㉡의 **10**개씩 묶음의 수는 낱개의 수보다 큽니다.
> • ㉡의 **10**개씩 묶음의 수와 낱개의 수의 차는 **1**입니다.
> • ㉠의 **10**개씩 묶음의 수는 낱개의 수보다 **6**만큼 더 작은 수입니다.
> • ㉡의 **10**개씩 묶음의 수와 낱개의 수의 합은 **7**입니다.

점프 왕수학

최상위 5%
도약을 위한

왕수학

최상위

정답과 풀이

1-1

(주)에듀왕

정답_과 풀이

DÉCEMBRE

Le village est tout blanc.
Demain nous ferons un grand bonhomme
et puis, si nous sommes sages,
nous aurons pour Noël
tous les jouets que nous voulons.
L'année est déjà finie.
Pensons à tous ceux qui n'ont p...

What is
...n by the gods
...ore desirable than
... by hour?

1 9까지의 수

Jump 1 핵심알기   6쪽

1 5, 다섯, 오   **2** 버섯

3

1 토끼가 하나, 둘, 셋, 넷, 다섯이므로 **5**라고 쓰고, 다섯 또는 오라고 읽습니다.

2 버섯은 **4**개, 가지는 **3**개입니다.

3 장난감 강아지는 **4**개, 우산은 **1**개, 자전거는 **5**대 있으므로 장난감 강아지에는 ○를 **4**개 그리고, 자전거에는 ○를 **5**개 그립니다.

Jump 2 핵심응용하기   7쪽

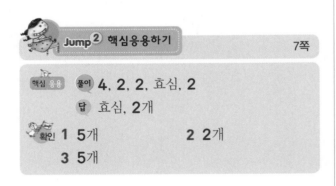

핵심 응용 **풀이** 4, 2, 2, 효심, 2

답 효심, **2**개

확인 **1** 5개   **2** 2개

    3 5개

1 세발자전거의 바퀴는 **3**개이고, 두발자전거의 바퀴는 **2**개입니다.

따라서 자전거의 바퀴는 모두 **5**개입니다.

2 서우 :

송이 :

따라서 서우는 송이보다 사탕을 **2**개 더 많이 가지고 있습니다.

3 주먹은 펼쳐진 손가락이 없고, 보는 펼쳐진 손가락이 **5**개입니다.

따라서 펼쳐진 손가락은 모두 **5**개입니다.

Jump 1 핵심알기   8쪽

1 풀이 참조   **2** 풀이 참조
3 8개   **4** 9칸

1 **8**은 팔 또는 여덟이라고 읽고, **6**은 여섯 또는 육이라고 읽습니다.

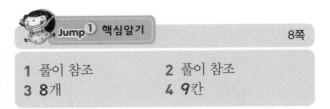

2 **7**은 일곱이므로 빵 **7**개에 색칠합니다.

3 실제로 똑같이 쌓기나무를 쌓은 후 세어 보면 쌓기나무는 **8**개입니다.

4 색칠된 곳을 세어 보면 **9**칸입니다.

Jump 2 핵심응용하기   9쪽

핵심 응용 **풀이** 9, 8, 9, ㉡

답 ㉡

확인 **1** (예) 올바르게 색칠하지 않았습니다. **7**은 일곱이므로 일곱 개를 색칠해야 하는데 여섯 개를 색칠했기 때문입니다.

    2 2명   **3** 송이, **9**개

2 손가락 : **9**개

가위   보

따라서 가위를 낸 사람은 **2**명입니다.

3

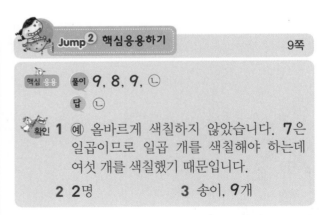

따라서 사탕을 가장 많이 가지고 있는 사람은 송이 이며, **9**개를 가지고 있습니다.

3 서우는 **2**층에 살고 있으므로 기영이네 집에 가려면 **3**층, **4**층, **5**층, **6**층, **7**층, **8**층을 순서대로 올라가야 하므로 **6**층을 더 올라가야 합니다.

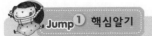 **Jump 1 핵심알기** 10쪽

1 셋째, 다섯째   **2** 풀이 참조

3 여덟째   **4** 풀이 참조

2 왼쪽에서부터 첫째 동물은 강아지이므로 여섯째 동물은 토끼입니다.

3 여섯째부터 순서대로 쓰면
여섯째-일곱째-여덟째-아홉째입니다.
따라서 일곱째와 아홉째 사이에 있는 순서는 여덟째입니다.

4

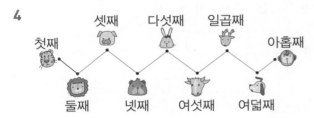

Jump 1 핵심알기 12쪽

1 (1) **3, 5**   (2) **4, 6, 7**

2 (2) ○   (4) ○

3 (1) **8, 6**   (2) **7, 5, 3**

   (3) **6, 5, 3**

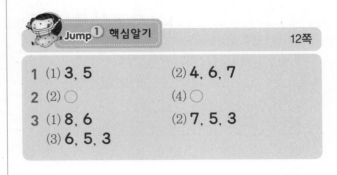 **Jump 2 핵심응용하기** 13쪽

핵심 응용 풀이 왕수학은, 높여주는, **2**, **3**, ㉤, **5**

답

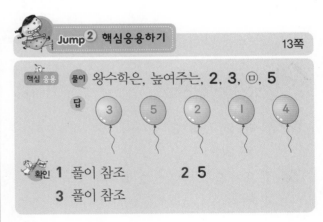

확인 **1** 풀이 참조   **2 5**

   3 풀이 참조

1

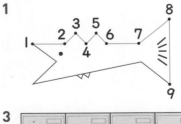

Jump 2 핵심응용하기 11쪽

핵심 응용 풀이 여섯째, 여덟째, 다섯째, 여섯째,
       여덟째, **3**

   답 여섯째, **3**명

확인 **1 5**명   **2 4**명

   3 6층

1 큰 쪽 →   다섯째

   ○ ○ ○ ○ ○

          첫째 ← 작은 쪽

따라서 놀이공원에 간 사람은 모두 **5**명입니다.

2 셋째와 여덟째 사이에는 넷째, 다섯째, 여섯째, 일곱째에 있는 **4**명이 있습니다.

3

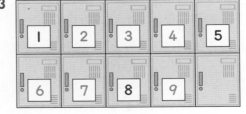

 14쪽

1 (1) **8**   (2) **8**   2 풀이 참조

3 풀이 참조
   (1) (작습니다 , 큽니다).
   (2) (작습니다 , 큽니다).

2 예
   9

병아리 **8**마리보다 하나 더 많은 것은 **9**마리이므로
9개만큼 색칠하고 숫자 **9**를 씁니다.

3

7	△	△	△	△	△	△	△	
8	△	△	△	△	△	△	△	△

7은 △를 일곱 개 그리고, **8**은 △를 여덟 개 그
립니다.
'**7**은 **8**보다 작습니다.' 또는 '**8**은 **7**보다 큽니
다.'라고 합니다.

Jump 2 핵심응용하기 15쪽

핵심 응용   풀이 2, 1, 3, 3
        답 3개

확인 1 풀이 참조   2 4개
        3 4개

1 | 3 |— 4 —| 5 |

넷보다 **1**만큼 더 작은 더 적은 것은 셋이므로 왼쪽
에 **3**을 쓰고, 넷보다 **1**만큼 더 큰 것은 다섯이
므로 오른쪽에 **5**를 씁니다.

2 다섯보다 하나 더 적은 것은 넷입니다.
  따라서 바구니에 넣은 배는 **4**개입니다.

3 준우의 구슬 수 : 둘보다 하나 더 많은 것은 셋입
                니다. ➡ **3**개
  미루의 구슬 수 : 셋보다 하나 더 많은 것은 넷입
                니다. ➡ **4**개

Jump 1 핵심알기 16쪽

1 풀이 참조 / **3, 3**

2 풀이 참조   3 풀이 참조

4 (1) (큽니다 , 작습니다).
   (2) (큽니다 , 작습니다).

1

2 (1) **5** ⑨   (2) **⑧** 4

3 (1) **2** 6   (2) 7 **3**

Jump 2 핵심응용하기 17쪽

핵심 응용   풀이 4, 7, 8, 2
        답 가장 큰 수 : **8**, 가장 작은 수 : **2**

확인 1 풀이 참조   2 풀이 참조
        3 6   4 7

1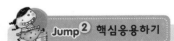
    ⑨ 6 3 8 2 △

2 | 1 ⑤ 2 3 ⑦ |

3 **5**보다 큰 수는 6, 7, 8, 9, …입니다.
  이 중 가장 작은 수는 **6**입니다.

4 **8**보다 작은 수는 7, 6, 5, …입니다.
  이 중 가장 큰 수는 **7**입니다.

Jump ③ 왕문제

1 형	**2** 2개
3 여섯째	**4** 6층
5 7개	**6** 4
7 9명	**8** 9개
9 3	**10** 땅땅땅
11 6	**12** 9개
13 지혜 : 5개, 준우 : 3개	
14 2조각	**15** 2마리
16 5	
17 미루 : 6살, 동생 : 3살	
18 5가지	

1 참외를 딴 개수를 가장 큰 수부터 쓰면 다섯 개, 네 개, 세 개, 한 개이므로 둘째로 많이 딴 사람은 네 개를 딴 형입니다.

2 미루는 준우보다 **4**개의 사과를 더 가지고 있으므로 미루가 준우에게 **2**개를 주면 두 사람이 가진 사과의 개수가 같아집니다.

3

무거운 → 첫째 둘째 셋째 넷째 다섯째 여섯째 일곱째 ← 가벼운
순서 일곱째 여섯째 다섯째 넷째 셋째 둘째 첫째   순서

따라서 지혜는 뒤에서 넷째에 서 있습니다.

4
①   ②   ③   ④
지하 2층 → 지하 1층 → 1층 → 2층 → 3층

⑤   ⑥
→ 4층 → 5층

따라서 송이가 걸어서 올라간 층수는 6층입니다.

5 2층과 5층 사이에 있는 층은 3층과 4층입니다.
따라서 3층에 쌓여 있는 쌓기나무는 4개, 4층에 쌓여 있는 쌓기나무는 3개이므로 모두 7개입니다.

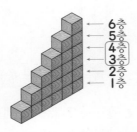

6 가장 작은 수부터 순서대로 늘어놓으면 0, 1, 4, 6, 8, 9이므로 셋째에 오는 수는 4입니다.

7 미루는 뒤에서 일곱째, 앞에서 셋째에 서 있으므로 뒤에는 **6**명, 앞에는 **2**명이 서 있습니다.

앞 → 첫째 둘째 셋째
○ ○ ● ○ ○ ○ ○ ○ ○
일곱째 여섯째 다섯째 넷째 셋째 둘째 첫째 ← 뒤

따라서 운동장에 서 있는 어린이는 모두 **9**명입니다.

8

	효심	고운
도토리	🌰🌰🌰🌰 🌰	🌰🌰
밤	🌰	

⇒

	효심	고운
도토리	🌰🌰🌰🌰🌰 🌰🌰🌰🌰	
밤		🌰

따라서 효심이의 도토리는 **9**개가 됩니다.

9 서우 : 0 ➡ 2 ➡ 4 ➡ 6
준우 : 0 ➡ 3 ➡ 6 ➡ 9
9는 **6**보다 **3**만큼 더 큰 수입니다.

10 8 – 땅땅낭   9 – 땅땅땅

11 1은 0보다 1만큼 더 큰 수이고, 3은 1보다 2만큼 더 큰 수입니다. 따라서 □는 3보다 3만큼 더 큰 수인 6입니다.

12
소미 :
기영 :

따라서 기영이는 사탕을 **9**개 가지고 있습니다.

13 귤 **8**개를 차이가 **2**개 나도록 나누면 다음과 같습니다.
지혜 : 🟠🟠🟠🟠🟠
준우 : 🟠🟠🟠

따라서 지혜는 귤을 **5**개 먹었고, 준우는 귤을 **3**개 먹었습니다.

[별해] 지혜가 먼저 2개를 챙긴 후 남은 6개를 준우와 똑같이 나눠 가지면 준우는 3개, 지혜는 5개가 됩니다.

14
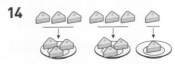

따라서 케이크 **7**조각을 한 접시에 **3**개씩 놓으려면 케이크는 **2**조각이 부족합니다.

15 강아지 한 마리의 다리는 **4**개이고, **8**은 **4**보다 **4**만큼 더 큰 수이므로 오리의 다리는 모두 **4**개입니다.
따라서 오리 한 마리의 다리는 **2**개이므로 오리는 **2**마리입니다.

16 주어진 수를 가장 작은 수부터 순서대로 늘어놓으면 **0, 1, 2, 4, 5, 7, 9**이므로 둘째에 놓이는 수는 **1**, 여섯째에 놓이는 수는 **7**입니다.
따라서 둘째와 여섯째 사이에 놓이는 수는 **2, 4, 5**이므로 이 중 가장 큰 수는 **5**입니다.

17 미루가 동생보다 **3**살 더 많고, 미루와 동생의 나이를 모두 세었을 때 **9**살이 되는 경우는 미루가 **6**살, 동생이 **3**살일 때입니다.

18 **1**이 빠지는 경우 ➡ (**5, 4, 3, 2**)
2가 빠지는 경우 ➡ (**5, 4, 3, 1**)
3이 빠지는 경우 ➡ (**5, 4, 2, 1**)
4가 빠지는 경우 ➡ (**5, 3, 2, 1**)
5가 빠지는 경우 ➡ (**4, 3, 2, 1**)
따라서 모두 **5**가지입니다.

Jump 4 왕중왕문제　　　**24쪽~29쪽**

1 **2**개	**2** (위에서부터)**3, 1, 5**
3 풀이 참조	**4** 소미, **1**개
5 풀이 참조	**6** **2**개
7 **7**개	**8** **2**개
9 지혜, **6**개	**10** **10**가지
11 **8**개	**12** **3**계단
13 **8**	**14** **7**개
15 **5**자루	**16** 풀이 참조
17 **7**계단	**18** **3**장

1 기영이의 초콜릿 수 : 셋보다 하나 더 많은 것은 넷입니다. ➡ **4**개
소미의 초콜릿 수 : 셋보다 하나 더 적은 것은 둘입니다. ➡ **2**개
따라서 소미는 기영이보다 초콜릿을 **2**개 더 적게 가지고 있습니다.

2

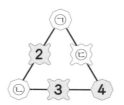

ⓛ에 알맞은 수는 **2**와 **3**을 더하면 되므로 **5**입니다.
ⓔ에 알맞은 수는 **3**과 ⓔ을 더하여 **4**가 되어야 하므로 **1**입니다.
ⓖ에 알맞은 수는 **2**와 **1**을 더하면 되므로 **3**입니다.

3 (1) 예

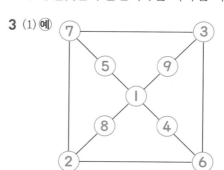

(2) 예

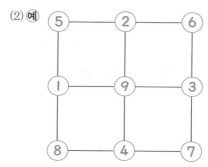

(1)~(2) 해결 방법은 여러 가지가 있습니다.

4 재우는 쌓기나무를 한 층에 **2**개씩 **4**층까지 쌓았으므로 **8**개를 쌓았고, 소미는 한 층에 **3**개씩 **3**층까지 쌓았으므로 **9**개를 쌓았습니다.
따라서 **9**는 **8**보다 하나 더 많으므로 소미가 재우보다 쌓기나무를 **1**개 더 많이 쌓았습니다.

5

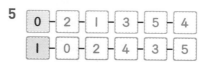

6 준우는 **7**개보다 **2**개 더 적으므로 **5**개를 가지고 있습니다.
지혜는 준우보다 **1**개 더 많으므로 **6**개를 가지고 있습니다.

승호는 준우에게 **2**개를 받으면 승호와 준우의 구슬 수가 같아지므로 승호는 준우보다 **4**개가 적은 **1**개를 가지고 있습니다.

승기는 지혜보다 **3**개 더 많으므로 **6**개보다 **3**개 더 많은 **9**개를 가지고 있습니다.

정우는 승호보다 **6**개 더 많으므로 **1**개보다 **6**개 더 많은 **7**개를 가지고 있습니다.

따라서 구슬을 가장 많이 가진 사람은 **9**개를 가진 승기이고, 둘째로 많이 가진 사람은 **7**개를 가진 정우입니다.

따라서 승기는 정우보다 **2**개 더 많이 가지고 있습니다.

7 대화의 내용을 그림으로 나타내면 다음과 같습니다.

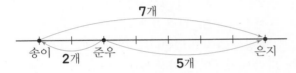

따라서 은지는 송이보다 **7**개의 구슬을 더 가지고 있습니다.

8 딸기 맛 사탕 **8**개를 서준이가 더 많이 가지도록 나누는 방법

서준	5	6	7
유은	3	2	1

자두 맛 사탕 **5**개를 유은이가 더 많이 가지도록 나누는 방법

서준	1	2
유은	4	3

유은이가 가진 딸기 맛 사탕과 자두 맛 사탕은 **3**개일 때 같으므로 서준이가 가진 딸기맛 사탕은 **5**개, 자두 맛 사탕은 **2**개입니다.

9 지혜가 준우에게 사탕 **2**개를 주면 준우가 지혜보다 **2**개 더 많아지므로 처음에 가진 사탕 수는 지혜가 준우보다 **2**개 더 많습니다. 그러므로 준우가 지혜에게 사탕 **2**개를 주면 지혜는 사탕이 **2**개가 더 늘고 준우는 사탕 **2**개가 줄어들어 지혜가 준우보다 사탕이 **6**개 더 많아집니다.

10 수 카드 **2**장을 빼내고 남은 세 장의 수 카드를 큰 수로 늘어놓으면 됩니다. **5**장의 수 카드 중에서 **2**장의 수 카드를 빼내는 방법은 다음과 같습니다.

(1 , 3), (1 , 5), (1 , 7), (1 , 9),
(3 , 5), (3 , 7), (3 , 9), (5 , 7),
(5 , 9), (7 , 9)

모두 **10**가지 방법이 있습니다.

11 서우가 구슬을 **7**개 가지고 있다고 생각하면, 유은이는 구슬을 **3**개 가지고 있습니다.

1개를 주면 한쪽은 **1**개 늘어나고, 다른 한쪽은 **1**개 줄어들어 **2**개의 차이가 생기므로 **2**개를 주면 **4**개의 차이가 생깁니다.

따라서 처음 **4**개의 차이에서 유은이가 서우에게 **2**개를 주면 **4**개의 차이가 더 생기므로 **8**개의 차이가 나게 됩니다.

12 고운이는 **4**번 이기고, **1**번을 졌으므로 올라간 계단 수는 **2 ➡ 2 ➡ 2 ➡ 2 ➡ 1**이므로 **9**계단입니다.

송이는 **4**번 지고, **1**번 이겼으므로 올라간 계단 수는 **1 ➡ 1 ➡ 1 ➡ 1 ➡ 2**이므로 **6**계단입니다.

따라서 고운이는 송이보다 **3**계단 위에 있습니다.

13

뒤에 올 수 있는 수										
	0	1	2	3	4	5	6	7	8	9
2만큼 더 작은 수	×	×	0	1	2	3	4	5	6	7
3만큼 더 큰 수	3	4	5	6	7	8	9	×	×	×

위의 표를 이용하여 숫자를 써넣었을 때 중복되는 수가 나오지 않는 것을 찾습니다.

· 1 → 4 → 2 → 0 → 3 → 6 → 9 → 7 → 5 → 8(○)
　　　　　　　　　　　　　　　　　　3(×)

· 1 → 4 → 2 → 5 → 3 → 6 → 9 → 7 → 5(×)

· 1 → 4 → 7 → 5 → 3 → 6 → 9 → 7(×)
　　　　　　　　　　8 → 6 → 9 → 7(×)

그러므로 ㉠은 **8**이 됩니다.

14 대화의 내용을 그림으로 나타내면 다음과 같습니다.

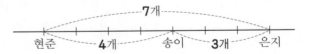

따라서 은지는 현준이보다 **7**개를 더 많이 가지고 있습니다.

15 은지는 연필 **8**자루에서 **3**자루를 현준이에게 주고 **2**자루는 송이에게 받았으므로 연필 **7**자루를 가지게 됩니다. 송이는 은지에게 **2**자루를 주고 난 후에 **7**자루가 되었으므로 처음에 가진 연필은 **9**자루입니다.

현준이는 은지에게 연필 **3**자루를 받아 **7**자루가 되었으므로 처음에 가진 연필은 **4**자루입니다.

따라서 처음에 송이는 현준이보다 **5**자루를 더 많이 가지고 있었습니다.

16 ㉠

가운데에 **3**을 놓고 수를 짝지어 **9**가 되도록 합니다.

0 1 2 ③ 4 5 6

17 서준이가 **2**번 모두 졌으므로 여섯째 계단에서 **2**계단씩 두 번 내려가 둘째 계단에 있게 됩니다. (**6-2-2=2**)
송이는 **2**번 모두 이겼으므로 **3**계단씩 두 번 올라가 아홉째 계단에 있게 됩니다. (**3+3+3=9**)
따라서 송이는 서준이보다 **7**계단 위에 있습니다.

18 • 수 카드 1 앞에 수 카드 **1**장이 놓여 있고 수 카드 2 와 3 사이에도 수 카드 **1**장이 놓여 있으므로 다음과 같이 **6**가지로 생각해 볼 수 있습니다.

① 2 1 3 ▢ ▢ ▢
② 3 1 2 ▢ ▢ ▢
③ ▢ 1 2 ▢ 3
④ ▢ 1 3 ▢ 2
⑤ ▢ 1 ▢ 2 3
⑥ ▢ 1 ▢ 3 2

• 4 는 5 보다 앞에 놓여 있고, 4 와 5 사이에는 수 카드 **2**장이 놓여 있으려면 ③과 ④가 조건에 맞습니다.

• ③ 4 1 2 5 3 6
④ 4 1 3 5 2 6

따라서 수 카드 5 의 앞에는 **3**장의 수 카드가 놓여 있습니다.

30쪽

1 송이   2 풀이 참조

1 • 유은이는 **8**장보다 **2**장 더 적게 가지고 있으므로 **6**장을 가지고 있습니다.
• 준우는 유은이보다 **1**장 더 많이 가지고 있으므로 **6**장보다 **1**장 더 많은 **7**장을 가지고 있습니다.
• 유은이가 가지고 있는 **6**장에서 **1**장을 재우에게 주면 **5**장이 되고, 재우가 유은이에게 **1**장을 받으면 색종이의 수가 같아지므로 재우는 **5**장보다 **1**장 더 적은 **4**장을 가지고 있습니다.
• 송이는 준우보다 **2**장 더 많이 가지고 있으므로 **7**장보다 **2**장 더 많은 **9**장을 가지고 있습니다.
• 예슬이는 **5**장보다 **3**장 더 많이 가지고 있으므로 **8**장을 가지고 있습니다.

따라서 색종이를 가장 많이 가지고 있는 사람부터 써 보면 송이, 예슬, 준우, 유은, 재우이므로 송이가 색종이를 가장 많이 가지고 있습니다.

2 가로줄과 세로줄의 구슬의 수가 각각 **7**개가 되는 방법은 여러 가지가 있습니다.
㉠

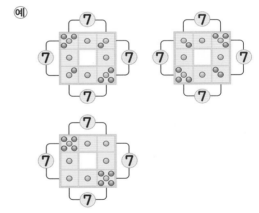

2 여러 가지 모양

Jump① 핵심알기   32쪽

1 (   )(○   )(   )
2 (   )(   )(×   )
3 가, 마

1 케이크 : ⬡ 모양, 볼링공 : ⬤ 모양

2 배구공은 ⬤ 모양입니다.

3 ⬤ 모양은 농구공과 골프공입니다.

Jump② 핵심응용하기   33쪽

핵심응용   풀이 ㉡, ㉠, ㉢, ⬡, ㉡

     답 ㉡

확인 **1** 풀이 참조   **2** 풀이 참조

1

⬡ 모양	예 주사위, 성냥갑, 사전 등
⬭ 모양	예 음료수 캔, 큰 북, 풀 등
⬤ 모양	예 농구공, 구슬, 오렌지 등

2

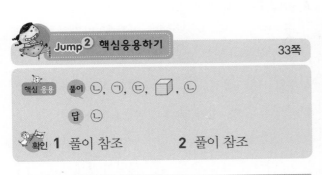

⬭ 모양 : 보온병, ⬤ 모양 : 멜론,
⬡ 모양 : 종이상자

Jump① 핵심알기   34쪽

1 신영   **2** 풀이 참조
3 ㉡

1 ⬡ 모양과 ⬭ 모양은 평평한 부분이 있으므로 무너지지 않게 쌓을 수 있지만 ⬤ 모양은 평평한 부분이 없으므로 무너지지 않게 쌓을 수 없습니다.

2

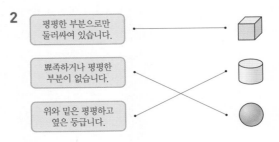

평평한 부분으로만 둘러싸여 있습니다.	⬡
뾰족하거나 평평한 부분이 없습니다.	⬭
위와 밑은 평평하고 옆은 둥급니다.	⬤

3 어느 방향으로도 잘 굴러가는 것은 ⬤ 모양입니다.

Jump② 핵심응용하기   35쪽

핵심응용   풀이 ⬭, ⬤, ⬭, 가영, 한별, 신영

     답 신영

확인 **1** ⬡ 모양   **2** 풀이 참조

1 ⬭ 모양과 ⬤ 모양은 뾰족한 부분이 없습니다.

2

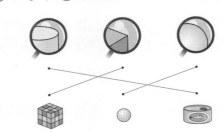

옆은 둥글지만 밑과 위가 평평한 모양은 ⬭ 모양, 평평하고 뾰족한 부분이 있는 모양은 ⬡ 모양, 전체가 둥글고 뾰족한 부분이 없는 모양은 ⬤ 모양입니다.

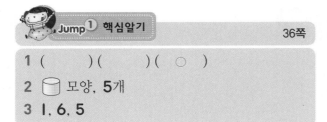

Jump① 핵심알기   36쪽

1 (   ) (   ) (○)

2 🔵 모양, **5**개

3 **1**, **6**, **5**

1 🟦 모양 **4**개, 🔵 모양 **2**개를 사용하여 만든 모양입니다.

3 🟦 모양, 🔵 모양, ⚪ 모양의 개수를 각각 세어 봅니다.

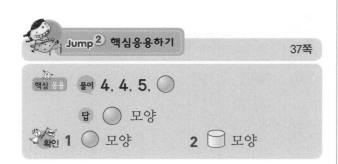

Jump② 핵심응용하기   37쪽

핵심 응용 │ 풀이 **4**, **4**, **5**, ⚪

답 ⚪ 모양

확인 **1** ⚪ 모양   **2** 🔵 모양

1 가는 🟦 모양 **2**개, 🔵 모양 **6**개를 사용하여 만든 것이고 나는 🟦 모양 **3**개, 🔵 모양 **3**개, ⚪ 모양 **1**개를 사용하여 만든 것이므로 가에는 없고 나에만 있는 모양은 ⚪ 모양입니다.

2 🟦 모양 : **3**개, 🔵 모양 : **1**개, ⚪ 모양 : **5**개

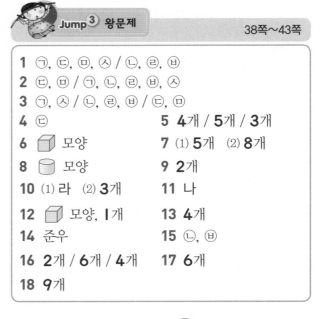

Jump③ 왕문제   38쪽~43쪽

1 ㉠, ㉢, ㉺, ㉦ / ㉡, ㉣, ㉣
2 ㉢, ㉺ / ㉠, ㉡, ㉣, ㉣, ㉦
3 ㉠, ㉦ / ㉡, ㉣, ㉣ / ㉢, ㉺
4 ㉢   **5** **4**개 / **5**개 / **3**개
6 🟦 모양   **7** (1) **5**개 (2) **8**개
8 🔵 모양   **9** **2**개
10 (1) 라 (2) **3**개   **11** 나
12 🟦 모양, **1**개   **13** **4**개
14 준우   **15** ㉡, ㉦
16 **2**개 / **6**개 / **4**개   **17** **6**개
18 **9**개

1 평평한 부분이 있는 것은 🔵 모양과 🟦 모양이고, 평평한 부분이 없는 것은 ⚪ 모양입니다.

2 뾰족한 부분이 있는 것은 🟦 모양이고, 뾰족한 부분이 없는 것은 🔵 모양과 ⚪ 모양입니다.

4 아래쪽은 뾰족한 부분과 평평한 부분이 모두 있으므로 🟦 모양이고, 위쪽은 평평한 부분과 둥근 부분이 모두 있으므로 🔵 모양입니다.

6 🟦 모양 : **8**개, 🔵 모양 : **7**개, ⚪ 모양 : **4**개

7 (1) 🟦 모양 : **2**개, 🔵 모양 : **4**개,
　　⚪ 모양 : **7**개
　　따라서 가장 많은 ⚪ 모양이 **7**개이고, 가장 적은 🟦 모양이 **2**개이므로 ⚪ 모양은 🟦 모양보다 **5**개 더 많습니다.

(2) 🔵 모양 **2**개, ⚪ 모양 **3**개를 예슬이에게 받았으므로 가영이가 처음에 가지고 있던 모양은 🟦 모양 **2**개, 🔵 모양 **2**개, ⚪ 모양 **4**개입니다. 따라서 가영이가 처음에 가지고 있던 모양은 모두 **8**개입니다.

8 🟦, 🔵, 🔵, ⚪ 모양이 되풀이되고 있으므로 빈 곳에 알맞은 모양은 🔵 모양입니다.

9 ⬜ 모양 : **3**개, ⬛ 모양 : **5**개, ⚫ 모양 : **6**개
따라서 ⬛ 모양은 ⬜ 모양보다 **2**개 더 많이 사용하였습니다.

10 ⑴ 가 : **6**개, 나 : **8**개, 다 : **5**개, 라 : **7**개이므로 라 모양입니다.
⑵ ⬜ 모양을 가장 많이 사용한 모양 : 나, **8**개
⬜ 모양을 가장 적게 사용한 모양 : 다, **5**개
따라서 **8**은 **5**보다 **3**만큼 더 큰 수이므로 **3**개 더 많이 사용하였습니다.

11 주어진 모양은 ⬜ 모양이 **3**개, ⬛ 모양이 **3**개, ⚫ 모양이 **2**개입니다. 가는 ⚫ 모양 **1**개를 사용하지 않았고, 다는 ⬜ 모양 **1**개를 사용하지 않았으므로 주어진 모양을 모두 사용하여 만든 것은 나입니다.

12 송이는 ⬜ 모양 **4**개, ⬛ 모양 **2**개, ⚫ 모양 **1**개를 사용하였고, 지혜는 ⬜ 모양 **3**개, ⬛ 모양 **2**개, ⚫ 모양 **1**개를 사용하였으므로 송이가 지혜보다 ⬜ 모양을 **1**개 더 많이 사용하였습니다.

13 ⬜ 모양이 **1**개씩 늘어나는 규칙으로 쌓았습니다. 따라서 여섯째 모양은 ⬜ 모양이 **6**개이고, 둘째 모양은 ⬜ 모양이 **2**개이므로 여섯째 모양은 둘째 모양보다 ⬜ 모양이 **4**개 더 많이 필요합니다.

14 ㉠은 평평한 부분이 **1**개입니다.

15 오른쪽 그림은 ⬜ 모양의 일부분입니다.

16 평평한 부분이 없는 것은 ⚫ 모양으로 **2**개, 평평한 부분이 **2**개인 것은 ⬛ 모양으로 **6**개, 평평한 부분이 **6**개인 것은 ⬜ 모양으로 **4**개입니다.

17 사용한 ⬛ 모양은 **2**개이므로 같은 모양 **3**개를 만들려면 ⬛ 모양은 모두 **6**개 필요합니다.

18 오른쪽 그림은 ⬜ 모양 **5**개, ⬛ 모양 **3**개를 사용하여 만든 것입니다.

따라서 처음에 가지고 있던 모양은 ⬜ 모양 **5**개, ⬛ 모양 **3**개, ⚫ 모양 **1**개이므로 모두 **9**개입니다.

Jump 4 왕중왕문제　　　　　44쪽~49쪽

1 **4**개	**2** **9**개
3 **8**개	**4** ⬛ 모양, 빨간색
5 **4**개	**6** **2**가지
7 ⬜ 모양 : **8**개, ⬛ 모양 : **6**개, ⚫ 모양 : **5**개	
8 **3**개	**9** ⬛, ⬜
10 ⚫, 파란색	**11** 통조림
12 **4**개	**13** ⬛ 모양, 파란색
14 ⬛ 모양, **5**개	**15** **6**가지
16 **3**개	**17** ⬜ 모양, **2**개
18 **6**가지	

1 뿔모양 한 개를 만드는 데 ⬜ 모양 **6**개, ⚫ 모양 **4**개가 필요하므로 뿔모양 한 개를 만드는 데 ⬜ 모양은 ⚫ 모양보다 **2**개 더 많이 필요합니다. 따라서 뿔모양 **2**개를 만들려면 ⬜ 모양은 ⚫ 모양보다 **4**개 더 많이 필요합니다.

2 ⬜ 모양 **3**개, ⬛ 모양 **9**개, ⚫ 모양 **5**개를 사용하여 만든 모양입니다. 따라서 한별이가 처음에 가지고 있던 모양은 ⬜ 모양 **2**개 ⬛ 모양 **6**개, ⚫ 모양 **1**개이므로 모두 **9**개입니다.

3 첫째 : **1**개, 둘째 : **3**개, 셋째 : **6**개, …이므로 ⬡ 모양의 개수는 오른쪽으로 갈수록 **2**개, **3**개, … 늘어납니다.

따라서 여덟째는 일곱째보다 ⬡ 모양이 **8**개 더 많습니다.

4

일곱째

5 아래층으로 한 층 내려갈 때마다 ⬠ 모양이 **2**개씩 늘어납니다.

1층은 **3**층보다 **2**층 더 아래에 있으므로 **1**층에는 **3**층보다 ⬠ 모양이 **4**개 더 많습니다.

6 서로 다른 색을 ①, ②, ③ …이라고 하면 왼쪽부터 색을 칠하고 만나는 모양은 서로 다른 색으로 칠합니다.

다음과 같이 같은 숫자끼리 같은 색으로 칠하면 모두 **2**가지 색으로 칠할 수 있습니다.

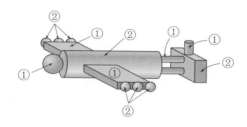

7 **3**가지 모양을 만들려면 ⬡ 모양은 **6**개, ⬠ 모양은 **9**개, ⬤ 모양은 **3**개가 있어야 합니다. 그런데 **3**가지 모양을 만들 때 ⬡ 모양과 ⬤ 모양은 **2**개씩 남고, ⬠ 모양은 **3**개가 부족하므로 효근이가 가지고 있는 모양은 ⬡ 모양이 **8**개, ⬠ 모양이 **6**개, ⬤ 모양이 **5**개입니다.

8 만들기 전에 ⬡ 모양은 **7**개, ⬠ 모양은 **5**개, ⬤ 모양은 **8**개 있었으므로 가장 많은 모양은 가장 적은 모양보다 **3**개 더 많습니다.

9 ㉮를 만드는 데 사용한 것은 ⬡ 모양이 **3**개, ⬠ 모양이 **6**개, ⬤ 모양이 **4**개입니다.

㉯를 만드는 데 사용한 것은 ⬡ 모양이 **4**개, ⬠ 모양이 **5**개, ⬤ 모양이 **4**개입니다.

따라서 ㉯는 ⬡ 모양은 **1**개 많아지고 ⬠ 모양은 **1**개 적어졌으므로 ⬠ 모양을 ⬡ 모양으로 바꾼 것입니다.

10 • 모양은 ⬡ ⬤ ⬡ ⬠ 이 되풀이 되므로 모양을 **4**개씩 묶으면 빈 곳에는 둘째 모양인 ⬤ 모양이 그려져야 합니다.

• 색깔은 빨간색, 노란색, 파란색, 빨간색, 파란색이 되풀이되므로 **5**개씩 묶으면 빈 곳에 들어갈 모양의 색깔은 다섯째 색깔인 파란색입니다.

11 주사위는 ⬡ 모양, 축구공은 ⬤ 모양, 통조림은 ⬠ 모양입니다. 준우는 ⬤ 모양을 가졌으므로 송이는 ⬡, ⬤ 모양 중에 ⬡ 모양을 가져야 하고 고운이는 ⬠, ⬡ 모양 중에 ⬠ 모양을 가져야 합니다. 그러므로 고운이가 가진 물건은 통조림입니다.

12 모양을 만드는 데 사용한 ⬡ 모양은 **5**개이고 ⬠ 모양은 **8**개입니다. 서준이가 가지고 있는 ⬡ 모양은 **5**개보다 **3**개 적은 **2**개이고, ⬠ 모양은 **8**개보다 **2**개 적은 **6**개입니다.

따라서 서준이가 가지고 있는 ⬠ 모양은 ⬡ 모양보다 **4**개 더 많습니다.

13 늘어놓은 모양은 ⬤ ⬠ ⬡ ⬤ ⬡ 이 반복되므로 □ 안에는 둘째 모양인 ⬠ 모양이 들어갑니다. 늘어놓은 모양에 빨간색, 파란색, 노란색을 번갈아 가며 칠하였으므로 모양을 **3**개씩 묶으면 □는 둘째 모양이므로 파란색입니다.

14 주어진 모양을 만드는 데 ⬡ 모양은 **4**개, ⬠ 모양은 **5**개, ⬤ 모양은 **2**개 사용하였으므로 처음에 한솔이 가지고 있던

⬡ 모양은 $4+1-3=2$(개),

⬠ 모양은 $5+2-2=5$(개),

⬤ 모양은 $2+3-1=4$(개)입니다.

따라서 처음 가지고 있던 모양 중에 가장 많은 모양은 ⬠ 모양이고 **5**개입니다.

15 ①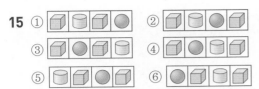

➡ 모양을 늘어 놓는 방법은 모두 **6**가지입니다.

16 오른쪽 모양을 만들기 위해서는 ⬜ 모양은 **6**개, ⬜ 모양은 **5**개, ⚫ 모양은 **3**개가 필요합니다. 따라서 유승이는 처음에 ⬜ 모양을 **4**개, ⬜ 모양을 **7**개, ⚫ 모양을 **6**개 가지고 있으므로 ⬜ 모양이 **7**개로 가장 많고 ⬜ 모양이 **4**개로 가장 적습니다.

그러므로 가장 많은 ⬜ 모양은 가장 적은 ⬜ 모양보다 **3**개 더 많습니다.

17 • 모양을 **1**개 만드는 데 ⬜ 모양은 **4**개 필요하므로 모양을 **2**개 만들 때는 **8**개가 있어야 하는데 **3**개가 부족하므로 서준이는 ⬜ 모양을 **5**개 가지고 있습니다.

• 모양을 **1**개 만드는 데 ⬜ 모양은 **3**개 필요하므로 모양을 **2**개 만들기 위해서는 **6**개가 있어야 하는데 **1**개가 남았으므로 서준이는 ⬜ 모양을 **7**개 가지고 있습니다. 따라서 서준이는 ⬜ 모양을 ⬜ 모양보다 **2**개 더 많이 가지고 있습니다.

18 **8**개의 모양 중에 ⬜ 모양이 가장 많고, ⬜ 모양이 ⬜ 모양보다 **1**개 더 많아지려면 ⬜는 **4**개, ⬜ 모양은 **3**개, ⚫ 모양은 **1**개이어야 합니다. 따라서 ⚫ 모양의 위치에 따라서 놓는 방법이 달라집니다.

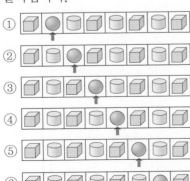

조건에 맞게 놓는 방법은 모두 **6**가지입니다.

1 풀이 참조   **2** ⚫ 모양, 파란색

1

첫째부터 셋째까지는 ⬜ 모양, ⬜ 모양, ⚫ 모양의 차례로 앞의 모양 밑으로 하나씩 늘어나고, 넷째부터 여섯째까지는 ⬜ 모양, ⚫ 모양, ⬜ 모양의 차례로 앞의 모양 밑으로 하나씩 늘어납니다.

따라서 일곱째부터 아홉째까지는 ⚫ 모양, ⬜ 모양, ⬜ 모양의 차례로 앞의 모양 밑으로 하나씩 늘어나야 하므로 위의 그림과 같은 모양이 들어가야 합니다.

2 ⚫⚫⬜⚫⬜가 되풀이되는 규칙이므로 **5**개씩 묶어 보면

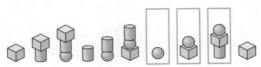

이므로 ⚫ 모양 다음에 놓이는 빈 곳에 들어갈 모양은 ⚫ 모양입니다.

또, 빨간색, 파란색, 노란색을 번갈아 가며 칠하므로 **3**개씩 묶어 보면

이므로 빨간색 다음에 놓이는 빈 곳에 들어갈 모양의 색은 파란색입니다.

따라서 빈 곳에 들어갈 모양은 ⚫ 모양이고 파란색입니다.

3 덧셈과 뺄셈

1 풀이 참조   **2** 1, 3
3 2개   **4** 5개

1

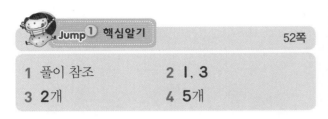

사과 **2**개와 **3**개를 모으면 사과 **5**개가 됩니다.

2 연필 **4**자루는 연필 **1**자루와 **3**자루로 가를 수 있습니다.

3 빵 **3**개는 빵 **2**개와 **1**개로 가를 수 있습니다.

4 사탕 **2**개와 **3**개를 모으면 사탕 **5**개가 됩니다.
따라서 준우가 가지고 있는 사탕은 **5**개입니다.

핵심 응용   풀이

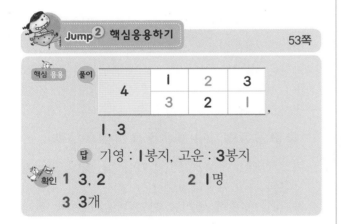

4	1	2	3
	3	2	1

,

1, 3

답 기영 : 1봉지, 고운 : 3봉지

확인 **1** 3, 2   **2** 1명
       3 3개

1 **1**과 **4**, **2**와 **3**, **3**과 **2**, **4**와 **1**을 모으면 **5**가 됩니다.
따라서 숫자 카드 중에서 두 수를 모아 **5**를 만들 수 있는 것은 **3**과 **2**입니다.

2 가위를 낸 **1**명과 보를 낸 **3**명을 모으면 **4**명 입니다.
따라서 **5**는 **4**와 **1**로 가를 수 있으므로 바위를 낸 학생은 **1**명입니다.

3 **5**는 **4**와 **1**, **3**과 **2**로 가를 수 있고, 이 중에서 **1** 차이 나는 것은 **3**과 **2**입니다.
따라서 서우는 구슬을 **3**개 가져야 합니다.

1 풀이 참조
2 (   )(○)(   )
3 **1**명   **4** **6**개
5 **9**개

1

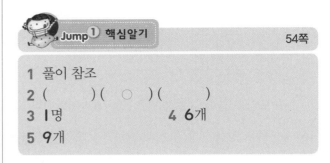

3 **6**은 **5**와 **1**로 가를 수 있습니다.
따라서 남자 어린이가 **5**명이므로 여자 어린이는 **1**명입니다.

4 **8**은 **2**와 **6**으로 가를 수 있습니다.
따라서 동민이가 사탕 **2**개를 가지면 신영이는 사탕 **6**개를 가지게 됩니다.

5 **5**와 **4**를 모으면 **9**이므로 상자 속에 들어 있는 구슬은 모두 **9**개입니다.

핵심 응용   풀이 **4**, **4**, **6**, **6**, **2**, 동민이네

답 동민이네 모둠

확인 **1** 3개   **2** 3가지
       3 4개

1 **6**은 **3**과 **3**으로 가를 수 있습니다.
따라서 귤 **6**개를 두 사람이 똑같이 나누어 먹으려면 한 사람이 귤을 **3**개씩 먹으면 됩니다.

2

형	6자루	5자루	4자루	3자루	2자루	1자루
동생	1자루	2자루	1자루	1자루	1자루	1자루

따라서 형이 동생보다 연필을 더 많이 가질 수 있는 방법은 **3**가지입니다.

3

아버지	어머니	미루	전체 개수
3개	2개	1개	6개(×)
4개	3개	2개	9개(○)

1 사탕 **3**개와 **2**개이므로 덧셈식으로 나타내면 **3**+**2**이고, '**3** 더하기 **2**'라고 읽습니다.

3 흰색 바둑돌과 검은색 바둑돌을 이어서 세어 보면 **7**개입니다.
이것을 덧셈식으로 나타내면 **3**+**4**=**7**이고, '**3** 더하기 **4**는 **7**과 같습니다.'라고 읽습니다.

4 놀이터에서 그네를 타는 어린이가 **4**명, 미끄럼틀을 타는 어린이가 **5**명이므로 모두 **4**+**5**=**9**(명)입니다.

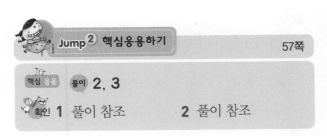

Jump① 핵심알기 56쪽

1 동민

1 새끼 돼지의 수가 어른 돼지의 수보다 많습니다. 그러므로 잘못 이야기한 사람은 동민이입니다.

Jump② 핵심응용하기 57쪽

핵심 응용 풀이 **2**, **3**

확인 **1** 풀이 참조　　　　**2** 풀이 참조

1 • 수박이 **2**통, 사과가 **7**개이므로 수박과 사과를 합하면 모두 **9**개입니다.
　 • 수박이 **2**통, 사과가 **7**개이므로 사과는 수박보다 **5**개 더 많습니다.

2 • 호랑이가 **6**마리, 토끼가 **2**마리이므로 호랑이와 토끼를 합하면 모두 **8**마리입니다.
　 • 호랑이가 **6**마리, 토끼가 **2**마리이므로 호랑이가 토끼보다 **4**마리 더 많습니다.

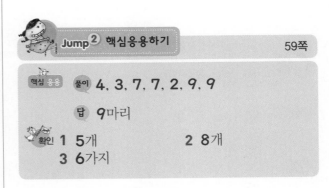

Jump② 핵심응용하기 59쪽

핵심 응용 풀이 **4**, **3**, **7**, **7**, **2**, **9**, **9**

답 **9**마리

확인 **1** 5개　　　　　　**2** 8개
　　　3 6가지

1 상자 **2**개에 넣은 인형은 **2**+**2**=**4**(개)이고, 상자에 넣지 않은 인형은 **1**개입니다.
따라서 인형은 모두 **4**+**1**=**5**(개)입니다.

2 송이가 가지고 있는 빨간 구슬은 **3**개이므로 노란 구슬은 **3**+**2**=**5**(개)입니다.
따라서 송이가 가지고 있는 구슬은 **3**+**5**=**8**(개)입니다.

3 **5**+**4**=**9**, **5**+**2**=**7**, **5**+**0**=**5**, **4**+**2**=**6**, **4**+**0**=**4**, **2**+**0**=**2**

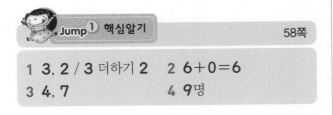

Jump① 핵심알기 58쪽

1 **3**, **2** / **3** 더하기 **2**　　**2** **6**+**0**=**6**
3 **4**, **7**　　　　　　　　　**4** **9**명

1 6, 2 / 6 빼기 2
2 (1) 8−8=0   (2) 5−0=5
3 3, 2   **4** 6개

3 토끼와 당근을 하나씩 짝지으면 토끼가 **2**마리 남습니다.
이것을 뺄셈식으로 나타내면 **5−3=2**이고,
'**5** 빼기 **3**은 **2**와 같습니다.'라고 읽습니다.

4 요구르트 **9**개 중에서 **3**개를 먹었으므로 남은 요구르트는 **9−3=6**(개)입니다.

1 4+2=6(또는 2+4=6)
2 6−1=5
3 (1) +   (2) −
    (3) +   (4) −
    (5) +   (6) −
4 3개

4 7−4=3

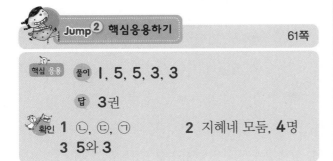

핵심 응용   풀이   1, 5, 5, 3, 3

        답   3권

확인 **1** ㉡, ㉢, ㉠   **2** 지혜네 모둠, 4명
       3 5와 3

1 ㉠ 5−3=2
   ㉡ 7−1=6
   ㉢ 8−4=4
따라서 계산 결과가 가장 큰 것부터 순서대로 기호를 쓰면 ㉡, ㉢, ㉠입니다.

2 (지혜네 모둠의 여자 어린이 수)
    =8−2=6(명)
(예슬이네 모둠의 여자 어린이 수)
    =7−5=2(명)
따라서 지혜네 모둠의 여자 어린이가
6−2=4(명) 더 많습니다.

3 한솔이가 **5**와 **4**를 가졌을 때, 가영이는 **3**과 **1**을 갖습니다. ➡ (5+4)−(3+1)=9−4=5(×)
한솔이가 **5**와 **3**을 가졌을 때, 가영이는 **4**와 **1**을 갖습니다. ➡ (5+3)−(4+1)=8−5=3(○)

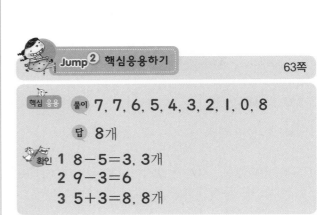

핵심 응용   풀이   7, 7, 6, 5, 4, 3, 2, 1, 0, 8

        답   8개

확인 **1** 8−5=3, 3개
       2 9−3=6
       3 5+3=8, 8개

1 (남은 아이스크림 수)
    =8−5=3(개)

2 주어진 숫자 카드를 이용하여 만들 수 있는 뺄셈식은 **9−3=6** 또는 **9−6=3**입니다.
이 중 계산 결과가 더 큰 뺄셈식은 **9−3=6**입니다.

3 (서우의 사탕 수)=8−3=5(개),
(송이이의 사탕 수)=1+2=3(개),
따라서 5+3=8(개)입니다.

Jump³ 왕문제 64쪽~69쪽

1 3	**2** 6
3 1, 3, 0	**4** 3
5 4	**6** 풀이 참조
7 5	**8** 풀이 참조
9 2	**10** 4
11 풀이 참조	**12** 2점, 3점, 4점
13 6개	**14** 미루, 1점
15 4개	**16** 7권
17 4개	**18** 풀이 참조

1 ▲+2=9, ▲=9-2=7
□+4=7, □=7-4=3

2

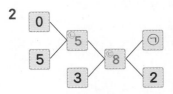

ⓒ=0+5=5, ⓒ=5+3=8,
8=ⓒ+2 ➡ ⓒ=8-2=6

3 4+2=6이므로 각각의 계산 결과가 6이
되어야 합니다.
7-□=6 ➡ □=7-6=1
□+3=6 ➡ □=6-3=3
6-□=6 ➡ □=6-6=0

4 (어떤 수)+3=9 ➡ 9-3=(어떤 수),
(어떤 수)=6
따라서 어떤 수가 6이므로 바르게 계산하면
6-3=3입니다.

5 7-2=5이므로 빈 곳에 알맞은 수는 5입니다.
따라서 5+♥=9이므로 ♥=9-5=4입니다.

6

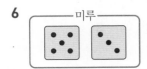 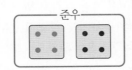

미루가 던진 두 주사위의 눈의 합이 5+3=8이
므로 준우가 던진 두 주사위의 눈의 합도 8입니
다. 따라서 8-4=4이므로 빈 곳에 4개의 주
사위의 눈을 그립니다.

7

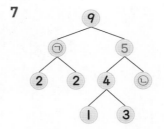

2와 2를 모으면 4이므로 ㉠은 4이고, 9는 4와
5로 가를 수 있으므로 빈 곳에 알맞은 수는
5입니다.
따라서 5는 4와 1로 가를 수 있으므로 ㉡은
1이고, ㉠과 ㉡을 더하면 4+1=5입니다.

8

1	1	7	5	2	6
7	6	2	3	7	4
3	5	4	4	1	4

두 수를 모아 8이 되는 경우는 (1과 7), (2와 6),
(3과 5), (4와 4)입니다.

9 4와 마주 보고 있는 수는 3, 5와 마주 보고 있는
수는 2, 6과 마주 보고 있는 수는 1입니다.
따라서 5와 4에 마주 보고 있는 수들의 합은
2+3=5이고, 6과 5에 마주 보고 있는 수들의
합은 1+2=3이므로 5-3=2만큼 더 큽니다.

10 ①+①=△, △+①=③, ③+△-1=④

11

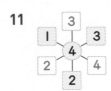

9가 되도록 세 수를 모아 봅니다.
4와 2를 모으면 6이므로 나머지 한 수는
3입니다.
3과 4를 모으면 7이므로 나머지 한 수는
2입니다.
1과 4를 모으면 5이므로 나머지 한 수는
4입니다.

12 6개의 수 중에서 세 수를 모아서 9가 되는
것은 2, 3, 4입니다.
따라서 기영이가 얻은 점수는 2점, 3점, 4점
입니다.

13 배는 감보다 **3**개 더 적으므로
5−3=2(개)입니다.
따라서 어머니는 사과를 배보다 **8−2=6**(개)
더 많이 사 오셨습니다.

14 (미루의 점수)=**2+2+1=5**(점)
(고운이의 점수)=**0+1+3=4**(점)
따라서 미루가 **5−4=1**(점) 더 많이 얻었습니다.

15 유승이의 남은 사탕 수는 **6−2=4**(개)이고,
유승이는 처음에 사탕을 **8**개 가지고 있었으므
로 유승이가 먹은 사탕 수는
8−4=4(개)입니다.

16 재우가 가지고 있는 공책은 **3+3=6**(권)이고,
서우가 가지고 있는 공책은 **6−2=4**(권)이므
로 신영이가 가지고 있는 공책은
4+3=7(권)입니다.

17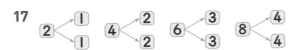

따라서 똑같은 두 수로 가를 수 있는 수는 **2**,
4, **6**, **8**로 모두 **4**개입니다.

18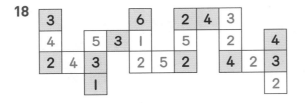

1 6마리	**2** 3가지
3 ㉮ : **4**, ㉯ : **3**	**4** 4개
5 ■ : **6**, ▲ : **2**	
6 빨간 필통 : **1**개, 노란 필통 : **3**개	
7 4	**8** 5가지
9 4	**10** 3
11 2명	**12** 풀이 참조
13 4가지	
14 가 : **4**, 나 : **5**, 다 : **2**, 라 : **6**, 마 : **3**	
15 3	**16** 3개
17 2	**18** 9

1 닭, 강아지, 소가 모두 **9**마리이고, 닭과 강아지를
모으면 **5**마리이므로 소는 **4**마리입니다.
또, 강아지와 소를 모으면 **7**마리이므로 닭은 **2**마리
입니다.
따라서 닭과 소를 모으면 **6**마리입니다.

2 준우와 형이 나누는 토마토 수는 **8**개입니다.
8은 **7**과 **1**, **6**과 **2**, **5**와 **3**, **4**와 **4**로 가를 수 있고,
이 중에서 준우가 형보다 많이 먹는 방법은 **7**과 **1**,
6과 **2**, **5**와 **3**으로 가를 때이므로 **3**가지입니다.

3 **3+2+1+3=9**이므로 ☐ 모양에 있는 수들의
합은 모두 **9**가 되어야 합니다.
1+㉮+3+1=9, **㉮+5=9**
➡ **9−5=㉮**, **㉮=4**
㉯+3+1+2=9, **㉯+6=9**
➡ **9−6=㉯**, **㉯=3**

4 (준우가 가지고 있는 사탕 수)
=(지혜가 가지고 있는 사탕 수)+**5**
=**2+5=7**(개)
(고운이가 가지고 있는 사탕 수)
=(준우가 가지고 있는 사탕 수)−**3**
=**7−3=4**(개)

5 두 수의 합이 **8**이 되도록 표를 만들면 다음과
같습니다.

■	8	7	6	5	4	3	2	1	0
▲	0	1	2	3	4	5	6	7	8

따라서 위 표에서 ■ - ▲ = 4인 것을 찾으면
■ = 6, ▲ = 2입니다.

6 먼저 4개의 필통에 연필을 2자루씩 넣은 후, 나머지 1자루를 넣습니다.

따라서 빨간 필통은 1개, 노란 필통은 3개입니다.

7

★ + ★ = 8에서 8 = 4 + 4이므로
★ = 4입니다.

8 두 수의 차가 4인 경우는 (1과 5), (2와 6), (3과 7), (4와 8), (5와 9)로 5가지입니다.

9 보이지 않는 두 수와 3의 합이 9이므로 보이지 않는 두 수의 합은 6입니다. 모아서 6이 되는 수는 0과 6, 1과 5, 2와 4, 3과 3이고, 이 중 차가 2인 경우는 2와 4입니다.
따라서 보이지 않는 두 수 중 더 큰 수는 4입니다.

10 합이 둘째로 크려면 주어진 숫자 카드 중에서 가장 큰 수와 셋째로 큰 수를 더해야 합니다.
따라서 가장 큰 수는 5이고, 셋째로 큰 수는 2이므로 두 수의 차는 5 - 2 = 3입니다.

11 집으로 돌아간 어린이가 3 + 2 = 5(명)이므로 운동장에 남은 어린이는 9 - 5 = 4(명)입니다.
4는 0과 4, 1과 3, 2와 2로 가를 수 있는데 같은 수로 나누어지는 경우는 2와 2이므로 운동장에 남은 여자 어린이는 2명입니다.

12

• 3 + ㉠ = 8, ㉠ = 8 - 3 = 5
• 3 - ㉡ = 3, ㉡ = 3 - 3 = 0
• 5 - ㉢ = 4, ㉢ = 5 - 4 = 1
• ㉡ + ㉢ = ㉣, ㉣ = 0 + 1 = 1
• 8 - 1 = ㉤, ㉤ = 7

13 5보다 크고 8보다 작은 수는 6, 7입니다. 두 수의 합이 6이 되는 경우는 1과 5, 2와 4이고, 두 수의 합이 7이 되는 경우는 2와 5, 3과 4이므로 모두 4가지입니다.

14 다 + 다 = 가이므로 다는 2 또는 3입니다.
다를 2라고 하면 가는 2 + 2 = 4,
라는 4 + 2 = 6이고, 마 + 마 = 라 = 6이므로
마는 3, 나는 2 + 3 = 5입니다.
다를 3이라고 하면 가는 3 + 3 = 6,
라는 6 + 3 = 9이므로 라는 2부터 6까지의 수 중 어느 하나에 해당되지 않으므로 조건에 맞지 않습니다.
따라서 가 = 4, 나 = 5, 다 = 2, 라 = 6, 마 = 3입니다.

15 ㉮, ㉯, ㉰, ㉱의 수의 합이 9이고, ㉯, ㉰, ㉱의 세 수의 합이 6이므로 ㉮ = 9 - 6, ㉮ = 3입니다.
㉮ + ㉯ = 5에서 3 + ㉯ = 5이고 ㉯ = 2입니다.
㉯ + ㉰ + ㉱ = 6에서 ㉰ + ㉱ = 6 - 2 = 4이고
㉱는 ㉰보다 커야 하므로 ㉰ = 0, ㉱ = 4입니다.
따라서 ㉮와 ㉰의 수를 모으면 3 + 0 = 3입니다.

16 3 + 3 + 3 = 6 + 3 = 9이므로 준우에게 주고 남은 초콜릿은 9 - 4 = 5(개)이고, 기영이에게 받은 후 초콜릿은 5 + 1 = 6(개)입니다.
따라서 동생과 똑같이 나누어 가지려면
6 = 3 + 3이므로 동생에게 3개를 주어야 합니다.

17 ㉠과 ㉡을 모으기하면 4이므로 ㉠과 ㉡의 합이 4가 되도록 수를 써넣고 나머지 수도 순서대로 알아봅니다.

㉠	㉡	㉢	㉣	㉤	
0	4	5	3	4	× ← ㉡과 ㉤이
1	3	6	2	5	○ 같은 수
3	1	8	0	7	○
4	0	9	×	×	← ㉢이 9일 때 ㉣을 구할 수 없습니다.

따라서 ㉣이 될 수 있는 수는 2와 0이므로 두 수를 더하면 2가 됩니다.

18 ㉠ + 3 = 8이므로 ㉠ = 5입니다.
• ㉡에 5보다 작은 수를 넣으려면 4와 3은 넣을 수 없으므로 1 또는 2를 넣을 수 있습니다.

5	1	㉢
3	㉣	㉤

㉡=1일 때 ㉣=7입니다.
㉢에 2, 3, 4, 5는 넣을 수 없으
므로 6을 넣으면 ㉤=2입니다.

5	2	㉢
3	㉣	㉤

㉡=2일 때 ㉣=6입니다.
㉢에 1, 2, 3, 4, 5, 6은 넣을 수
없으므로 7을 넣으면 ㉤=1입니다.

5	㉡	㉢
3	㉣	㉤

㉡에 5보다 큰 수를 넣으려면 6은
넣을 수 없으므로 ㉡=7, ㉣=1
입니다.

㉢에 1, 3, 4, 5, 6, 7은 넣을 수 없으므로 2
를 넣으면 ㉤=6입니다.
따라서 ㉤에는 1, 2, 6이 올 수 있으므로
세 수의 합은 1+2+6=9입니다.

Jump 5 영재교육원 입시대비문제 76쪽

1 (1) 딸기, **3**
  (2) 배, **4**
  (3) 귤 : **9**, 수박 : **1**, 포도 : **6**

1 (1) 한 가지 과일로 된 식은
    (딸기)+(딸기)+(딸기)=**9**이므로
    이 식에서 딸기가 나타내는 수를 가장 먼저 알 수 있습니다.
    따라서 **3**+**3**+**3**=**9**이므로 딸기가 나타내는 수는 **3**입니다.
  (2) 딸기가 나타내는 수는 **3**이므로 딸기와 다른 한 가지 과일만으로 된 식을 찾습니다.
    이러한 식은 (배)+(딸기)=**7**이므로 배가 나타내는 수를 둘째로 알 수 있습니다.
    따라서 (배)+**3**=**7**
    ➡ **7**−**3**=(배), (배)=**4**입니다.
  (3) 딸기는 **3**, 배는 **4**이므로
    (배)−(딸기)=(수박)에서 **4**−**3**=(수박),
    (수박)=**1**입니다.
    (수박)+(포도)=**4**+(딸기)에서
    1+(포도)=**4**+**3**, **1**+(포도)=**7**
    7−**1**=(포도), (포도)=**6**입니다.
    (포도)−(수박)=(귤)−(배)에서
    6−**1**=(귤)−**4**, **5**=(귤)−**4**
    ➡ **5**+**4**=(귤), (귤)=**9**입니다.

4 비교하기

Jump 1 핵심알기 78쪽

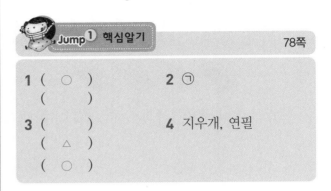

1 (○)   2 ㉠
  (   )
3 (   )   4 지우개, 연필
  (△)
  (○)

1 왼쪽 끝을 맞추었을 때, 오른쪽 끝이 더 나왔으면
더 긴 것입니다.
2 왼쪽 끝을 맞추었을 때, 오른쪽이 모자란 쪽이 더
짧습니다.
3 왼쪽 끝이 맞추어져 있으므로 오른쪽 끝이 더 나왔
으면 더 긴 것입니다.
따라서 오이가 가장 길고, 고추가 가장 짧습니다.

Jump 2 핵심응용하기 79쪽

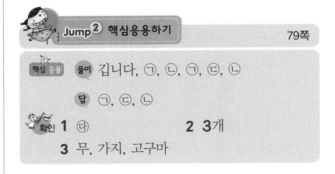

핵심 응용 풀이 깁니다, ㉠, ㉡, ㉠, ㉢, ㉡

답 ㉠, ㉢, ㉡

확인 1 ㉣   2 3개
3 무, 가지, 고구마

1 양쪽 끝이 맞추어져 있으므로 많이 구부러진 ㉣
길이 가장 깁니다.
2 누름 못, 크레파스, 우표는 자보다 더 짧고, 우산,
가위, 수학 교과서는 자보다 더 깁니다.
3

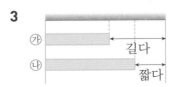

㉮가 ㉯보다 짧을 때, 남은 끈의 길이는 ㉮가 더
깁니다.
따라서 길이가 가장 긴 것부터 순서대로 쓰면 무,
가지, 고구마입니다.

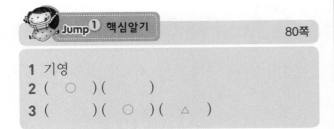

Jump ❶ 핵심알기 80쪽

1 기영
2 (○)( )
3 ( )(○)(△)

2 아래쪽 끝을 똑같이 맞추었을 때, 위쪽 끝이 더 나왔으면 더 높은 것입니다.

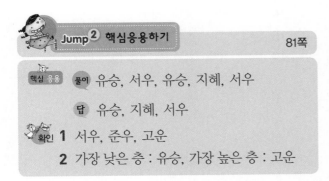

Jump ❷ 핵심응용하기 81쪽

핵심 응용 **풀이** 유승, 서우, 유승, 지혜, 서우

답 유승, 지혜, 서우

확인 **1** 서우, 준우, 고운
2 가장 낮은 층 : 유승, 가장 높은 층 : 고운

2 미루, 유승, 고운이가 살고 있는 층수를 비교하면 **4**가 가장 작고, **8**이 가장 큽니다.
따라서 유승이가 가장 낮은 층에 살고, 고운이가 가장 높은 층에 살고 있습니다.

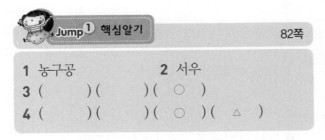

Jump ❶ 핵심알기 82쪽

1 농구공 **2** 서우
3 ( )( )(○)
4 ( )( )(○)(△)

1 물건의 무게는 경험에 의해 알 수 있습니다.
또한 두 물건을 각각 들어 보고 손의 느낌으로도 알 수 있습니다.

2 시소를 탔을 때 올라간 쪽이 더 가벼우므로 시우가 더 가볍습니다.

3 강아지, 다람쥐, 코끼리 중에서 가장 무거운 동물은 코끼리입니다.

4 모양과 크기가 같은 병에 사탕이 들어 있습니다.
따라서 사탕이 가장 많이 들어 있는 병이 가장 무겁고, 사탕이 없는 병이 가장 가볍습니다.

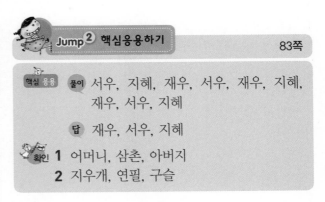

Jump ❷ 핵심응용하기 83쪽

핵심 응용 **풀이** 서우, 지혜, 재우, 서우, 재우, 지혜, 재우, 서우, 지혜

답 재우, 서우, 지혜

확인 **1** 어머니, 삼촌, 아버지
2 지우개, 연필, 구슬

1 삼촌은 어머니보다 더 무겁고, 아버지보다는 가볍습니다. 따라서 어머니가 가장 가볍고, 아버지가 가장 무겁습니다.

2 연필은 구슬 **2**개, 지우개는 구슬 **7**개의 무게와 같으므로 지우개가 가장 무겁고, 구슬이 가장 가볍습니다.

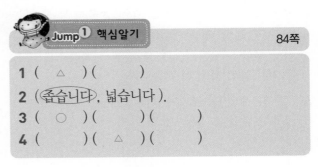

Jump ❶ 핵심알기 84쪽

1 (△)( )
2 (좁습니다, 넓습니다).
3 (○)( )( )
4 ( )(△)( )

1 수첩을 스케치북에 겹쳐보면 스케치북이 남으므로 수첩이 스케치북보다 더 좁습니다.

3 색종이를 **2**장씩 겹쳐 보거나 **3**장을 한꺼번에 겹쳐 보고, 가장 많이 남는 것을 찾아봅니다.

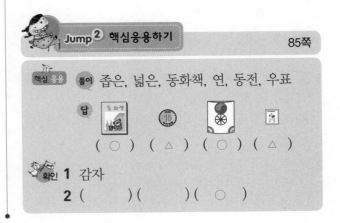

Jump ❷ 핵심응용하기 85쪽

핵심 응용 **풀이** 좁은, 넓은, 동화책, 연, 동전, 우표

답
(○) (△) (○) (△)

확인 **1** 감자
2 ( )( )(○)

1 감자 : **9**칸, 고구마 : **7**칸
따라서 더 넓은 부분에 심은 것은 감자입니다.

2 색칠한 칸의 수가 많을수록 더 넓게 색칠한 것입니다.
따라서 가장 넓게 색칠한 것은 **7**칸을 색칠한 것입니다.

Jump① 핵심알기   86쪽

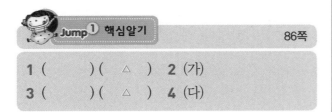

1 그릇의 크기가 같으므로 물의 높이가 낮을수록 담겨 있는 물의 양이 더 적습니다.

2 물의 높이가 같을 때에는 컵이 클수록 담겨 있는 물의 양이 더 많습니다.

3 컵의 모양과 크기가 다르므로 컵이 작을수록 담을 수 있는 물의 양이 더 적습니다.

4 그릇의 모양과 크기가 다르므로 그릇의 크기가 클수록 담을 수 있는 물의 양이 더 많습니다.

Jump② 핵심응용하기   87쪽

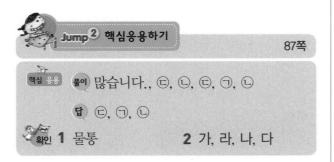

1 물이 일정하게 나오므로 물을 채우는 데 오래 걸릴수록 물이 더 많이 들어갑니다.
따라서 물통에 담을 수 있는 물의 양이 더 많습니다.

2 물이 들어가는 입구의 크기와 높이가 같으므로 그릇의 크기가 클수록 담을 수 있는 물의 양이 더 많습니다.

Jump③ 왕문제   88쪽~93쪽

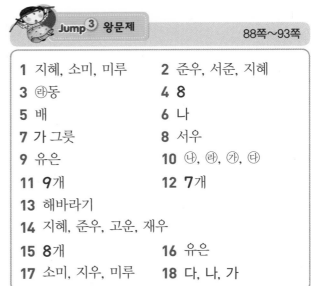

1 지혜, 소미, 미루   **2** 준우, 서준, 지혜
3 ㉣동   **4** 8
5 배   **6** 나
7 가 그릇   **8** 서우
9 유은   **10** ㉯, ㉣, ㉮, ㉰
11 9개   **12** 7개
13 해바라기
14 지혜, 준우, 고운, 재우
15 8개   **16** 유은
17 소미, 지우, 미루   **18** 다, 나, 가

1 같은 모양인 부분을 하나씩 지워 보면 파란색을 칠한 땅이 가장 좁고, 초록색을 칠한 땅이 가장 넓습니다.
따라서 차지한 땅이 가장 넓은 사람부터 순서대로 이름을 쓰면 지혜, 소미, 미루입니다.

2 서준<준우, 지혜<준우이므로 준우의 방이 가장 넓습니다.
지혜<서준이므로 지혜의 방이 가장 좁습니다.
따라서 방이 넓은 사람부터 순서대로 써 보면 준우, 서준, 지혜입니다.

3 ㉠동은 가장 낮으므로 가장 높은 동은 ㉮동, ㉯동, ㉰동 중에서 있습니다.
㉯동은 ㉮동보다 높으므로 가장 높은 동은 ㉯동, ㉰동 중에서 있습니다.
㉯동은 ㉰동보다 낮으므로 가장 높은 동은 ㉰동입니다.

4 ㉡=1+1=2, ㉢=1+1+2=4
따라서 ㉠=1+1+2+4=8입니다.

5 감은 귤보다 더 무겁고, 사과는 감보다 더 무거우므로 사과는 귤보다 더 무겁습니다. 또, 배는 사과보다 더 무거우므로 가장 무거운 과일은 배입니다.

6 가로 가는 길은 **9**칸을 움직여야 하고, 나로 가는 길은 **7**칸을 움직여야 합니다.
따라서 나로 가는 길이 가로 가는 길보다 더 가깝습니다.

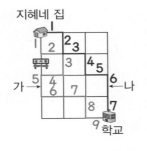

지혜네 집

가

나

학교

7 세 그릇에 똑같은 양의 물이 들어 있고 물의 높이가 같으므로 그릇의 남아 있는 부분이 가장 큰 가 그릇에 담을 수 있는 물의 양이 가장 많습니다.

8

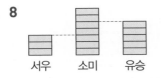

서우   소미   유승

9 기영이는 **3**번 이겼고, 유은이는 **4**번 이겼으므로 기영이는 **3**칸, 유은이는 **4**칸 올라갔습니다.
따라서 더 높이 올라간 사람은 유은이입니다.

10 ㉤ 막대는 ㉮ 막대보다 더 길고, ㉤ 막대는 ㉯ 막대보다 더 짧으므로 ㉯>㉤>㉮입니다.
㉰ 막대는 ㉮ 막대보다 더 짧으므로 ㉯>㉤>㉮>㉰입니다.

11 ㉮ 구슬 **1**개는 ㉯ 구슬 **2**개와 ㉤ 구슬 **3**개의 무게와 같고 ㉮ 구슬 **1**개는 ㉯ 구슬 **3**개와 무게가 같으므로 ㉯ 구슬 **1**개와 ㉤ 구슬 **3**개의 무게가 같습니다. 따라서
(㉮ 구슬 **1**개)=(㉤ 구슬 **3**개)+(㉤ 구슬 **3**개)
                        +(㉤ 구슬 **3**개)
따라서 ㉮ 구슬 **1**개는 ㉤ 구슬 **9**개와 무게가 같습니다.

12 귤의 무게는 쇠구슬 **5**−**2**=**3**(개)의 무게와 같고, 사과의 무게는 쇠구슬 **6**−**2**=**4**(개)의 무게와 같습니다.
따라서 귤과 사과의 무게는 쇠구슬 **3**+**4**=**7**(개)의 무게와 같습니다.

13 각 색깔별로 칸의 수를 세어 보면 빨간색 부분은 **8**칸, 노란색 부분은 **9**칸, 보라색 부분은 **7**칸이므로 해바라기를 심는 부분의 넓이가 가장 넓습니다.

14 첫째 번 조건에서 준우<고운(재우)입니다.
둘째 번 조건에서 지혜<고운<재우입니다.
셋째 번 조건에서 지혜<준우이므로
지혜<준우<고운<재우입니다.

15  접힌 선을 따라 자르면 작은 조각 **8**개가 만들어지므로 처음 색종이의 넓이는 작은 조각 **8**개의 넓이와 같습니다.

16

서우   유은   기영

17 소미는 지우보다 더 가볍고, 지우는 미루보다 더 가볍습니다.
따라서 가장 가벼운 어린이부터 순서대로 쓰면 소미, 지우, 미루입니다.

18 나 컵의 물을 가 컵에 부으면 물이 모자라므로 나 컵은 가 컵보다 담을 수 있는 물의 양이 더 적습니다. 또, 나 컵의 물을 다 컵에 부으면 물이 넘치므로 다 컵은 나 컵보다 담을 수 있는 물의 양이 더 적습니다.
따라서 담을 수 있는 물의 양이 가장 적은 컵부터 순서대로 기호를 쓰면 다, 나, 가입니다.

Jump **4** 왕중왕문제   94쪽~99쪽

1 **6**개
2 가장 무거운 과일 : 수박
가장 가벼운 과일 : 오렌지
3 송이   **4** **3**개
5 나 그릇   **6** 다
7 **3**개   **8** **8**가지
9 키위, 레몬, 감, 바나나
10 동전 **7**개
11 지혜, 서우, 고운, 영수, 유은
12 ⬤ 모양
13 **9**가지   **14** **5**개
15 **3**개   **16** ㉠, ㉢, ㉡
17 ㉤ 그릇   **18** ㉤ 컵, 초록색

1 색연필 **1**개의 길이는 클립 **3**개를 이은 길이와 같고, 자 **1**개의 길이는 색연필 **2**개를 이은 길이와 같습니다.
따라서 자 **1**개의 길이는 클립 **6**개를 이은 길이와 같습니다.

2 첫째 번 조건에서 수박>배입니다.
둘째 번 조건에서 사과>오렌지입니다.
셋째 번 조건에서 배>오렌지입니다.
넷째 번 조건에서 수박>사과입니다.
따라서 가장 무거운 과일은 수박이고 가장 가벼운 과일은 오렌지입니다.

3 유승이는 송이보다 크고, 효심이는 유승이보다 크므로 효심이는 송이보다 큽니다.
효심이는 유은이보다 작으므로 키가 가장 큰 학생은 유은이고, 키가 가장 작은 학생은 송이입니다.

4 감 **4**개의 무게는 사과 **2**개의 무게와 같으므로 감 **2**개의 무게는 사과 **1**개의 무게와 같습니다.
따라서 사과 **3**개의 무게는 감 **6**개의 무게와 같고, 감 **6**개의 무게는 배 **2**개의 무게와 같으므로 배 **1**개의 무게는 감 **3**개의 무게와 같습니다.

5 가 그릇이 나 그릇보다 담을 수 있는 물의 양이 더 많고, 다 그릇이 가 그릇보다 담을 수 있는 물의 양이 더 많으므로 담을 수 있는 물의 양이 가장 많은 그릇부터 순서대로 쓰면 다 그릇, 가 그릇, 나 그릇입니다.
따라서 담을 수 있는 물의 양이 가장 적은 그릇은 나 그릇입니다.

6

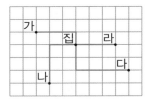

가장 짧은 선 **1**개의 길이를 **1**이라 하면 집에서 가까지의 길이는 **4**, 나까지의 길이는 **5**, 다까지의 길이는 **6**, 라까지의 길이는 **3**입니다.
따라서 집에서 가장 먼 곳은 다입니다.

7 첫째와 둘째 조건에서 ㉯는 ㉮보다 **1**개 더 많습니다.
첫째와 셋째 조건에서 ㉰는 ㉯보다 **2**개 더 많습니다.

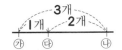

따라서 ㉰컵에 들어 있는 구슬은 ㉮컵에 들어 있는 구슬보다 **3**개 더 많습니다.

8

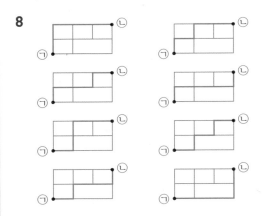

9 키위는 감, 레몬보다 더 가볍습니다. 감은 레몬보다 무겁고 바나나보다 가볍습니다.
따라서 가장 가벼운 것부터 순서대로 쓰면 키위, 레몬, 감, 바나나입니다.

10 공책 **2**권을 쌓은 높이가 동전 **4**개를 쌓은 높이와 같으므로 공책 **1**권의 높이는 동전 **2**개를 쌓은 높이와 같습니다.
따라서 공책 **3**권을 쌓은 높이는 동전 **6**개를 쌓은 높이와 같으므로 동전 **7**개를 쌓은 높이가 공책 **3**권을 쌓은 높이보다 더 높습니다.

11 첫째 번 조건에서 지혜<서우<고운입니다.
둘째 번 조건에서 서우<영수<유은입니다.
셋째 번 조건에서 고운<유은입니다.
넷째 번 조건에서 고운<영수입니다.
따라서 지혜<서우<고운<영수<유은입니다.

12 첫째 그림에서 ⬭ 모양 **1**개의 무게는 ⬛ 모양 **2**개의 무게와 같으므로 ⬭ 모양 **2**개의 무게는 ⬛ 모양 **4**개의 무게와 같고, 둘째 그림에서 ● 모양 **2**개의 무게는 ⬛ 모양 **3**개의 무게와 같습니다.
따라서 가장 무거운 것부터 순서대로 쓰면 ⬭ 모양, ● 모양, ⬛ 모양이므로 둘째로 무거운 것은 ● 모양입니다.

13

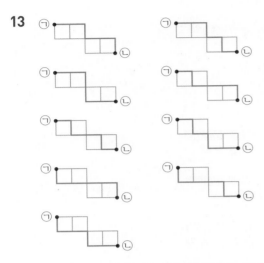

로 ㉮>㉲>㉤>㉣>㉡이므로 넷째로 물을 많이 담을 수 잇는 그릇은 ㉣ 그릇입니다.

18 셋째 조건에 따라 비교해보면 ㉤<㉲이고 둘째 조건에서 ㉡ 컵은 가장 작으므로 ㉡<㉤<㉲입니다. 넷째 조건에 따라 비교해보면 (초록색 컵)>(보라색 컵)이고 첫째 조건에서 ㉤ 컵은 노란색이므로 ㉣ 컵은 초록색입니다.

14 감 **1**개의 무게가 귤 **2**개의 무게와 같으므로 감 **2**개의 무게는 귤 **4**개의 무게와 같고, 사과 **1**개와 귤 **1**개의 무게는 귤 **4**개의 무게와 같으므로 사과 **1**개의 무게는 귤 **3**개의 무게와 같습니다.
따라서 감 **1**개와 사과 **1**개의 무게가 귤 **2**개와 귤 **3**개의 무게와 같으므로 배 **1**개의 무게는 귤 **5**개의 무게와 같습니다.

15 복숭아 **1**개의 무게는 귤 **2**개의 무게와 같으므로 복숭아 **2**개의 무게는 귤 **4**개의 무게와 같습니다. 참외 **1**개와 귤 **1**개의 무게의 합은 복숭아 **2**개의 무게와 같으므로 귤 **4**개의 무게와도 같습니다.
따라서 참외 **1**개의 무게는 귤 **3**개의 무게와 같습니다.

16 (㉠ 상자)=(가로 **4**개)+(세로 **2**개)
　　　　　　+(높이 **2**개)+(매듭)
　　(㉡ 상자)=(가로 **2**개)+(세로 **2**개)
　　　　　　+(높이 **4**개)+(매듭)
　　(㉢ 상자)=(가로 **2**개)+(세로 **4**개)
　　　　　　+(높이 **2**개)+(매듭)
가로 **2**개, 세로 **2**개, 높이 **2**개, 매듭의 길이를 빼면 ㉠ 상자에는 가로 **2**개, ㉡ 상자는 높이 **2**개, ㉢ 상자는 세로 **2**개의 길이만큼 남습니다.
(가로의 길이)>(세로의 길이)>(높이)이므로 사용한 끈의 길이가 가장 긴 것은 ㉠, 둘째로 긴 것은 ㉢, 셋째로 긴 것은 ㉡입니다.

17 ㉮ 그릇에 물을 가득 채우는 데 ㉯ 그릇으로 **4**번, ㉰ 그릇으로는 **3**번을 부어야 하므로 ㉮>㉰>㉯입니다. 또한 그릇 ㉲는 그릇 ㉮로 **2**번, 그릇 ㉳는 그릇 ㉮로 **5**번 부으면 가득 차므

1 (1) 유승　　　　　　(2) 가영이쪽, **3**
2 미루, 모니터

1 (1) 같은 무게의 물건은 저울의 중심에서 멀리 놓을수록 더 무거우므로 저울은 유승이쪽으로 기울어집니다.

(2) 가영이쪽에는 수 **5**에 달았고, 유승이쪽에는 수 **8**에 달아놓았으므로 수 **8**은 수 **5**보다 **3**만큼 더 큽니다.
따라서 추 **1**개를 가영이쪽의 수 **3**에 달면 저울은 수평이 됩니다.

2 미루와 지혜 중 미루가 더 무겁고, 준우와 지혜 중 준우가 더 무겁습니다.
미루와 준우 앞에는 똑같은 수박이 있으므로 미루가 세 학생 중에서 가장 무겁습니다.
미루와 수박이 있는 쪽보다 준우와 모니터가 있는 쪽이 더 무거우므로 수박보다 모니터가 더 무겁고, 미루와 수박이 있는 쪽보다 지혜와 의자가 있는 쪽이 더 무거우므로 수박보다 의자가 더 무겁습니다.
지혜와 모니터가 있는 쪽이 준우와 의자가 있는 쪽보다 무거우므로 모니터가 의자보다 더 무겁습니다.
따라서 수박, 의자, 모니터 중 모니터가 가장 무겁습니다.

5 50까지의 수

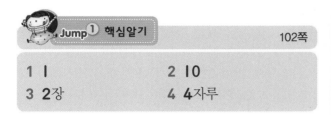

102쪽

1 1	2 10
3 2장	4 4자루

3 10은 8보다 2만큼 더 큰 수입니다.
따라서 미루는 동화책을 2장 더 읽어야 10장을 읽습니다.

4 10은 6보다 4만큼 더 큰 수입니다.
따라서 색연필이 4자루 더 있어야 10자루가 됩니다.

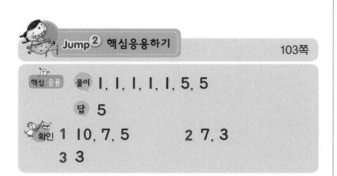

103쪽

핵심 응용 풀이 1, 1, 1, 1, 1, 5, 5

답 5

확인 1 10, 7, 5   2 7, 3
3 3

1 뒤에서부터 거꾸로 생각합니다.
□+4=9 ➡ □=9−4, □=5
□−2=5 ➡ □=5+2, □=7
□−3=7 ➡ □=7+3, □=10

2 10을 가르기 해 봅니다.

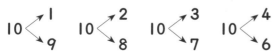

이 중 두 수의 차가 4인 경우는 7과 3입니다.

3 어떤 수보다 2만큼 더 작은 수가 5이므로
어떤 수는 7입니다.
따라서 10은 어떤 수인 7보다 3만큼 더 큰 수입니다.

104쪽

1 풀이 참조   2 19개
3 1, 8

1

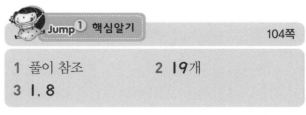

10개씩 묶음 1개와 낱개 4개를 14라 하고, 십사 또는 열넷이라고 읽습니다.
10개씩 묶음 1개와 낱개 1개를 11이라 하고, 십일 또는 열하나라고 읽습니다.
10개씩 묶음 1개와 낱개 5개를 15라 하고, 십오 또는 열다섯이라고 읽습니다.

2 10개씩 묶음 1개와 낱개 9개는 19이므로 구슬은 모두 19개 있습니다.

3 18은 10개씩 묶음 1개와 낱개 8개입니다.

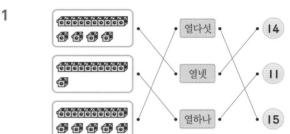

105쪽

핵심 응용 풀이 7, 1, 1, 5, 5, 16

답 16

확인 1 18   2 12
3 17개

1 9는 1과 8, 2와 7, 3과 6, 4와 5로 가를 수 있고 이 중 두 수의 차가 7인 것은 1과 8입니다.
따라서 10개씩 묶음 1개와 낱개 8개이므로 18입니다.

2 ●=8−5=3, ■=13−3=10,
▲=10−1=9, ●+▲=3+9=12

3 3+3+3+3+3+2
=(3+3+3+1)+(3+3+1)
=10+7=17(개)

Jump ① 핵심알기 106쪽

1	풀이 참조	2	풀이 참조
3	(1) **19**		(2) **13**
	(3) **7**		(4) **8**

1

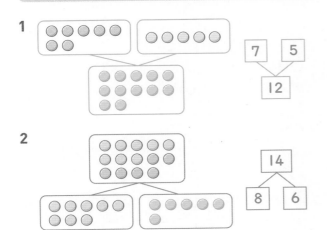

2

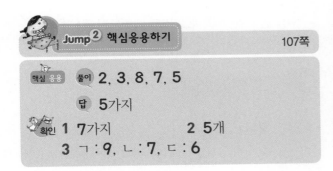

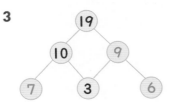

Jump ② 핵심응용하기 107쪽

핵심 응용 풀이 **2, 3, 8, 7, 5**

답 **5가지**

확인 1 **7가지**　　　　2 **5개**

3 ㄱ: **9**, ㄴ: **7**, ㄷ: **6**

1 표를 만들어 봅니다.

1	2	3	4	5	6	7
15	14	13	12	11	10	9

2 13을 두 수로 가르기해 봅니다.

송이	12	11	10	9	8	7
고운	1	2	3	4	5	6

송이가 **3**개를 더 가진 경우는 송이이가 **8**개, 고운
이가 **5**개 가졌을 때입니다.

3

```
        19
       /  \
     10     9
    /  \    /
   7    3  6
```

Jump ① 핵심알기 108쪽

1	**20**개	2	풀이 참조
3	**40**개		

1 막대에 꽂혀 있는 곶감은 **10**개씩 묶음이 **2**개입니다.
따라서 곶감은 모두 **20**개입니다.

2

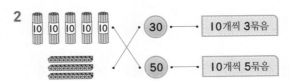

10개씩 묶음 **5**개는 **50**입니다.
10개씩 묶음 **3**개는 **30**입니다.

3 **10**개씩 들어 있는 사과가 **4**상자이므로 **10**개씩
묶음 **4**개와 같습니다.
따라서 **10**개씩 묶음 **4**개는 **40**이므로 사과는 모두
40개입니다.

Jump ② 핵심응용하기 109쪽

핵심 응용 풀이 **2, 1, 1, 3, 30, 30**

답 **30**개

확인 1 **20**장　　　　2 **30**개, **3**명

3 **4**상자, **40**개

1

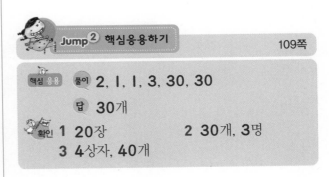

따라서 미루에게 남은 색종이는 **10**장씩 **2**묶음이
므로 **20**장입니다.

2 **17＋13＝17＋3＋10＝20＋10＝30**(개)
30＝10＋10＋10 ➡ 10개씩 **3**봉지(**3**명)
따라서 사탕은 모두 **30**개이고, **3**명에게 선물할
수 있습니다.

3 효심이가 딴 참외를 아버지와 어머니에게 주어서
10개씩 담습니다.
19＋16＋9＝(19＋1)＋(16＋4)＋(9－5)
　　　　　＝20＋20＋4＝44(개)
따라서 참외 **44**개를 **10**개씩 담으면 **4**상자를 팔
수 있고, 판 참외는 모두 **40**개입니다.

Jump 1 핵심알기

110쪽

1 (1) **27** (2) **34** (3) **41** (4) **39**
2 이십구, 스물아홉
3 **26**개　　　　　　　　　4 **3, 8**

1 (1) **27** ➡ 이십칠 또는 스물일곱
　(2) **34** ➡ 삼십사 또는 서른넷
　(3) **41** ➡ 사십일 또는 마흔하나
　(4) **39** ➡ 삼십구 또는 서른아홉

3 **10**개씩 묶음 **2**개와 낱개 **6**개이므로 **26**입니다.
　따라서 연결큐브는 모두 **26**개입니다.

4 서른여덟 ➡ **38**
　38은 **10**개씩 묶음 **3**개와 낱개 **8**개로 나눌 수
　있습니다.

Jump 2 핵심응용하기

111쪽

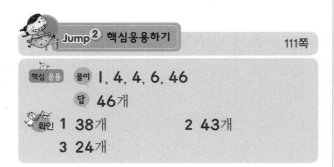

핵심 응용	풀이	**1, 4, 4, 6, 46**
	답	**46**개
확인	1 **38**개	2 **43**개
	3 **24**개	

1 빨간 구슬과 파란 구슬은 **10**개씩 묶음이 모두
　1＋**2**＝**3**(개)이고, 낱개는 빨간 구슬이 **1**개, 파란
　구슬이 **7**개이므로 모두 **8**개입니다.
　따라서 재우가 가지고 있는 구슬은 모두 **38**개입니다.

2 낱개 **13**개는 **10**개씩 묶음 **1**개와 낱개 **3**개입니다.
　따라서 서우가 가지고 있는 야구공은 **10**개씩 묶음
　4개와 낱개 **3**개이므로 모두 **43**개입니다.

3 (준우에게 남은 군밤 수)
　＝(**10**개씩 **4**봉지)－(**10**개씩 **1**봉지)－(낱개 **6**개)
　＝(**10**개씩 **3**봉지)＋(낱개 **10**개)
　　　　　　　－(**10**개씩 **1**봉지)－(낱개 **6**개)
　＝(**10**개씩 **2**봉지)＋(낱개 **4**개)
　＝**24**(개)

Jump 1 핵심알기

112쪽

1 (1) **19, 20**　　　　　　(2) **33, 36**
2 풀이 참조
3 (1) **12, 14**　　　　　　(2) **39, 41**

1 (1) **18**보다 **1**만큼 더 큰 수는 **19**이고, **21**보다
　　1만큼 더 작은 수는 **20**입니다.
　(2) **34**보다 **1**만큼 더 작은 수는 **33**이고, **35**보다
　　1만큼 더 큰 수는 **36**입니다.

2

20	21	22	23	24
25	26	27	28	29
30	31	32	33	34

3 (1) **13**보다 **1**만큼 더 작은 수는 **13** 바로 앞의
　　수이므로 **12**이고, **13**보다 **1**만큼 더 큰 수는
　　13 바로 뒤의 수이므로 **14**입니다.
　(2) 마흔은 **40**이므로 **40**보다 **1**만큼 더 작은 수는
　　40 바로 앞의 수이므로 **39**이고, **40**보다 **1**만큼
　　더 큰 수는 **40** 바로 뒤의 수이므로 **41**입니다.

Jump 2 핵심응용하기

113쪽

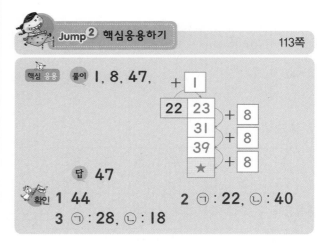

핵심 응용	풀이	**1, 8, 47,**
	답	**47**
확인	1 **44**	2 ㉠ : **22**, ㉡ : **40**
	3 ㉠ : **28**, ㉡ : **18**	

1 오른쪽으로는 **1**씩, 아래쪽으로는 **10**씩 커지는
　규칙이므로 색칠한 부분에 알맞은 수는 **44**입니
　다.

2 오른쪽으로는 **4**씩, 아래쪽으로는 **10**씩 커지는 규
　칙이므로 ㉠＝**12**＋**10**＝**22**, ㉡＝**36**＋**4**＝**40**
　입니다.

3 **13**－**18**－**23**－**28**이 반복적으로 늘어놓여 있습
　니다.

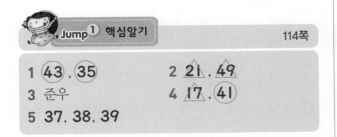

Jump ① 핵심알기   114쪽

1 ㉳43, ㉳35   2 △21, ㉻49
3 준우   4 △17, ㉻41
5 37, 38, 39

---

2 10개씩 묶음의 수가 작은 수가 작고, 10개씩 묶음의 수가 같을 때에는 낱개의 수가 작은 수가 작습니다.

3 31은 10개씩 묶음의 수가 3이고, 29는 10개씩 묶음의 수가 2이므로 31이 더 큽니다.
따라서 10개씩 묶음의 수가 더 큰 준우가 동화책을 더 많이 읽었습니다.

4 가장 큰 수부터 순서대로 쓰면 41, 25, 18, 17이므로 가장 큰 수는 41이고, 가장 작은 수는 17입니다.

5 36보다 크고 40보다 작은 수는 37, 38, 39입니다.

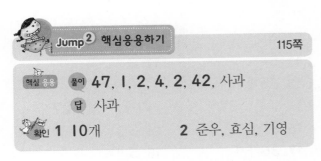

Jump ② 핵심응용하기   115쪽

핵심응용 풀이 47, 1, 2, 4, 2, 42, 사과
        답 사과
확인 1 10개   2 준우, 효심, 기영

1 10부터 19까지의 수이므로 모두 10개입니다.
2 효심 : 35개
준우 : 10개씩 묶음 2개와 낱개 7개이므로 27개
기영 : 10개씩 묶음 3개와 낱개 14개
     ➡ 10개씩 묶음 4개와 낱개 4개이므로 44개
따라서 10개씩 묶음의 수를 비교하면 준우, 효심, 기영이의 순서로 구슬을 적게 가지고 있습니다.

Jump ③ 왕문제   116쪽~121쪽

1 11개	2 20번
3 37	4 1명
5 9살	6 12개
7 4장	8 15개
9 7	
10 ㉡, 사십구, 마흔아홉	
11 19일, 20일, 21일	
12 ㉠ : 27, ㉡ : 36	
13 39	14 4개
15 6	16 37
17 48	18 9

1 가장 작은 수부터 순서대로 써 봅니다.
20 23 24 27
30 32 34 37 ⎫⟶ 11개
40 42 43 47 ⎭

2 키가 가장 큰 학생이 1번이므로 키가 가장 작은 학생은 23번입니다.
따라서 키가 둘째로 작은 학생은 22번, 셋째로 작은 학생은 21번이므로 넷째로 작은 학생은 20번입니다.

3 17에서 21로, 21에서 25로 4씩 커졌으므로 오른쪽으로 갈수록 4씩 커지는 규칙입니다.
따라서 17−21−25−29−33−37이므로 ㉠에 알맞은 수는 37입니다.

4 카드를 13장보다 적게 가지고 있는 학생은 9명이고, 21장보다 많이 가지고 있는 학생은 8명입니다.
따라서 카드를 13장보다 적게 가지고 있는 학생은 21장보다 많이 가지고 있는 학생보다 9−8=1(명) 더 많습니다.

5

상현	14	13	12	11	10	9
동생	1	2	3	4	5	6

상현이와 동생의 나이가 3살 차이나는 것은 상현이가 9살일 때입니다.

6 15와 45 사이의 수 중에서 숫자 3이 들어 있는 수는 23, 30, 31, 32, 33, 34, 35, 36, 37, 38, 39, 43이므로 모두 12개입니다.

7 한 장은 두 쪽이므로 둘씩 짝을 지어 보면 **28**, **29**, **30**, **31**, **32**, **33**, **34**, **35**, **36**, **37**이므로 동화책은 **4**장이 찢어졌습니다.

8 낱개 **25**개는 **10**개씩 **2**봉지와 낱개 **5**개와 같으므로 소미가 처음에 가지고 있던 초콜릿은 **10**개씩 **4**봉지와 낱개 **5**개와 같습니다. **10**개씩 **3**번이면 **3**봉지를 준 것이므로 소미에게 남은 초콜릿은 **10**개씩 **1**봉지와 낱개 **5**개입니다.

따라서 **10**개씩 **1**봉지와 낱개 **5**개이므로 **15**개입니다.

9 세 개의 덧셈식이 성립되는 방법은 **2**가지가 있습니다.

방법 ① : **1+8=9**, **2+3=5**, **4+6=10**
방법 ② : **3+6=9**, **1+4=5**, **2+8=10**

따라서 **7**은 사용할 수 없습니다.

10 ㉠ **46**, ㉡ **49**

11 재우와 소미가 함께 수영장에 갈 수 있는 날은 **19**일부터 **24**일까지이므로 재우, 소미, 미루 세 사람이 모두 함께 수영장에 갈 수 있는 날은 **19**일부터 **21**일까지입니다. 따라서 세 사람이 모두 함께 수영장에 갈 수 있는 날은 **19**일, **20**일, **21**일입니다.

12 오른쪽으로는 **3**씩 커지고, 아래쪽으로는 **6**씩 커지는 규칙입니다.

㉠=**21+6=27**, ㉡=**33+3=36**

13 **28**보다 크고 **40**보다 작은 수는 **29**, **30**, **31**, **32**, **33**, **34**, **35**, **36**, **37**, **38**, **39**입니다.
이 중에서 **10**개씩 묶음의 수가 낱개의 수보다 **6**만큼 더 작은 수는 **39**입니다.

14 **4**보다 크고 **18**보다 작은 홀수는 **5**, **7**, **9**, **11**, **13**, **15**, **17**로 모두 **7**개이고, **35**보다 크고 **42**보다 작은 짝수는 **36**, **38**, **40**으로 모두 **3**개입니다. 따라서 **7-3=4**(개) 더 많습니다.

15 □**9**는 **47**보다 작아야 하므로 □ 안에 들어갈 수 있는 수는 **1**, **2**, **3**입니다.
따라서 □ 안에 들어갈 수 있는 모든 수의 합은 **1+2+3=6**입니다.

16 **10**개씩 묶음의 수가 클수록 큰 수이고, 파란색 공이 **7**개이므로 빨간색 공이 **4**일 때 일곱째로 큰 수까지 만들 수 있습니다.

따라서 여덟째로 큰 수는 빨간색 공이 **3**, 파란색 공이 **9**이고, 아홉째로 큰 수는 빨간색 공이 **3**, 파란색 공이 **7**일 때이므로 만들 수 있는 수 중에서 아홉째로 큰 수는 **37**입니다.

17 ★이 **1**일 때 ●는 **1+1=2**, ★이 **2**일 때 ●는 **2+2=4**, ★이 **3**일 때 ●는 **3+3=6**, ★이 **4**일 때 ●는 **4+4=8**이고, ★이 **5**, **6**, **7**, **8**, **9**일 때 ★+★이 몇십 몇이 되므로 ●가 될 수 있는 수는 없습니다.

따라서 ★●가 될 수 있는 수는 **12**, **24**, **36**, **48**이고, 이 중에서 가장 큰 수는 **48**입니다.

18 **10**개씩 묶음의 수와 낱개의 수의 합이 **7**인 수를 가장 작은 수부터 써 보면 **16**, **25**, **34**, **43**, **52**, **61**, **70**입니다.

따라서 **16**과 **25**의 차는 **25-16=9**입니다.

Jump④ 왕중왕문제

122쪽~127쪽

1 10개	**2** 11개
3 5월 19일	**4** 44
5 2개	**6** 23, 24, 25, 26
7 2	**8** 3자루
9 24	**10** 지혜
11 5	**12** 3
13 35개	
14 준우 : 37장, 유승 : 17장, 기영 : 27장	
15 31개	**16** 3명
17 36가지	**18** 5번

1 **10**개씩 묶음의 수가 **2**인 수 :
20, **23**, **25**, **26**, **27** ➡ **5**개
10개씩 묶음의 수가 **3**인 수 :
30, **32**, **35**, **36**, **37** ➡ **5**개
따라서 **50**보다 작은 수는 모두
5+5=10(개)입니다.

2 23보다 10만큼 더 큰 수는 23보다 10개씩 묶음이
1개 더 많은 것이므로 33입니다.
50보다 5만큼 더 작은 수는 50보다 낱개 5개
가 더 적은 것이므로 45입니다.
따라서 33과 45 사이에 있는 수를 모두 쓰면
34, 35, 36, 37, 38, 39, 40, 41, 42,
43, 44이므로 모두 11개입니다.

3 생일이 빠르다는 말은 앞에 있는 날이므로 작은
수이고, 생일이 늦다는 말은 뒤에 있는 날이므로
큰 수입니다.
21보다 5만큼 더 작은 수는 16이므로 기영이의 생
일은 5월 16일이고, 16보다 3만큼 더 큰 수는 19
이므로 서우의 생일은 5월 19일입니다.

4 30과 50 사이에 있는 수 중에서 10개씩 묶음의
수와 낱개의 수가 같은 수는 33, 44입니다.
이 중에서 짝수는 44입니다.

5 만들 수 있는 50보다 작은 수는 20, 23, 24,
29, 30, 32, 34, 39, 40, 42, 43,
49입니다. 이 중에서 짝수는 20, 24, 30, 32,
34, 40, 42로 7개이고, 홀수는 23, 29, 39,
43, 49로 5개이므로 짝수는 홀수보다 2개 더
많이 만들 수 있습니다.

6 15와 ㉠ 사이의 수는 16부터 (㉠−1)까지의
수이고, 모두 6개이므로 16, 17, 18, 19, 20,
21에서 ㉠은 22입니다.
㉡과 36 사이의 수는 (㉡+1)부터 35까지의 수이
고, 모두 8개이므로 35, 34, 33, 32, 31, 30,
29, 28에서 ㉡은 27입니다.
따라서 ㉠보다 크고 ㉡보다 작은 수를 모두 쓰면
23, 24, 25, 26입니다.

7 □4는 3□보다 작은 수이므로 □4에서 □ 안에
들어갈 수 있는 숫자는 1, 2, 3입니다.
□가 1일 때, 14보다 크고 31보다 작은 수는 16개
이므로 조건에 맞지 않습니다.
□가 2일 때, 24보다 크고 32보다 작은 수는 7개
이므로 조건에 맞습니다.
□가 3일 때, 34보다 크고 33보다 작은 수는 없으
므로 조건에 맞지 않습니다.
따라서 □ 안에 공통으로 들어갈 수 있는 숫자는 2

입니다.

8 준우가 가지고 있는 연필은 28자루이고, 지혜가
가지고 있는 연필은 22자루입니다. 준우와 지혜가
가지고 있는 연필의 10개씩 묶음의 수가 같으므로
낱개의 수를 같게 하면 연필의 수가 같아집니다.
따라서 준우는 지혜에게 낱개 8자루 중에서 3자루
를 주면 낱개 5자루가 되고, 지혜는 낱개 2자루에
3자루를 받으면 낱개 5자루가 되어 연필의 수가 서
로 같아집니다.

9 10보다 크고 50보다 작은 수 ●▲ 중에서 ●가
▲보다 2만큼 더 작은 수는 13, 24, 35, 46
입니다. 이 중에서 ●와 ▲의 합이 6인 경우는 ●
가 2, ▲가 4일 때이므로 이 수는 24입니다.

10 꺼낸 바둑돌의 개수와 25개와의 차이를 알아보면
지혜 5개, 고운 6개, 준우 3개, 이준 2개, 소미
7개입니다. 차이가 작을수록 25에 가깝게
바둑돌을 꺼낸 것이므로 25에 가장 가깝게
어림하여 꺼낸 순서대로 이름을 쓰면 이준, 준우,
지혜, 고운, 소미입니다. 따라서 1점을 얻은
학생은 셋째로 가깝게 어림하여 꺼낸 지혜입니다.

11 ㉡과 24 사이에 있는 수는 5개이므로 23, 22,
21, 20, 19에서 ㉡은 18입니다. ㉠과 18
사이에 있는 수는 4개이므로 17, 16, 15, 14
에서 ㉠은 13입니다. 18은 10개씩 묶음 1개와
낱개 8개이고, 13은 10개씩 묶음 1개와 낱개
3개입니다.
따라서 ㉡은 ㉠보다 5만큼 더 큰 수입니다.

12 4씩 뛰어 센 수이므로 4씩 커지는 일의 자리
숫자를 먼저 알아봅니다.

| | 3 | | | 7 | | | 1 | | | 5 | | 4 | 9 |

마지막에 놓이는 수가 49이므로 거꾸로 4씩 작
아지는 수를 생각하여 십의 자리 숫자를 알아봅
니다.

| 3 | 3 | | 3 | 7 | | 4 | 1 | | 4 | 5 | | 4 | 9 |

따라서 ㉠에 알맞은 수는 3입니다.

13 노란색 구슬이 가장 많으므로 빨간색 구슬은
40개입니다. 파란색 구슬은 40개보다 4개 더
적은 36개입니다.
따라서 초록색 구슬은 36개보다 1개 더 적은
35개입니다.

14 유승이는 **3**장만 더 모으면 **10**장씩 묶음이 **2**개가 되므로 **10**장씩 묶음 **1**개와 낱개 **7**장인 **17**장을 가지고 있습니다.
준우는 유승이보다 **20**장 더 많이 가지고 있으므로 **10**장씩 묶음 **3**개와 낱개 **7**장인 **37**장을 가지고 있습니다.
기영이는 준우보다 **10**장 더 적게 가지고 있으므로 **10**장씩 묶음 **2**개와 낱개 **7**장인 **27**장을 가지고 있습니다.

15 첫째 모양을 만들 때 면봉 **4**개가 필요하고 다음부터 바로 앞의 모양보다 면봉이 **3**개씩 더 필요합니다.
$$\underset{\underset{\text{3이 10번}}{\underbrace{\qquad\qquad}}}{1+3+3+3+\cdots+3+3}=1+30=31(\text{개})$$

16 유승이는 뒤에서부터 **15**째에 서 있고, **22**부터 작은 쪽으로 **15**째는 **8**이므로 유승이는 앞에서부터 **8**째에 서 있습니다.
따라서 지우는 앞에서부터 **12**째에 서 있으므로 지우와 유승이 사이에 서 있는 학생은 **9**째, **10**째, **11**째이므로 모두 **3**명입니다.

17 **10**개씩 묶음의 수가 **1**일 때 : **11**, **12**, **13**, **14**, **15**, **16** ➡ **6**가지
10개씩 묶음의 수가 **2**일 때 : **21**, **22**, **23**, **24**, **25**, **26** ➡ **6**가지
⋮
10개씩 묶음의 수가 **6**일 때 : **61**, **62**, **63**, **64**, **65**, **66** ➡ **6**가지
따라서 **6**가지씩 **6**번이므로
6+**6**+**6**+**6**+**6**+**6**=**36**(가지)입니다.

18 **21**에서부터 **4**씩 커지게 **3**번 뛰어서 세면 **21**-**25**-**29**-**33**입니다.
재우와 기영이가 같은 수가 적힌 계단에 있으므로 **48**에서부터 **3**씩 작아지게 **33**까지 뛰어 세면
48-**45**-**42**-**39**-**36**-**33**입니다.
따라서 **33**은 **48**에서부터 **3**씩 작아지게 **5**번 뛰어 센 수와 같으므로 기영이는 **3**칸씩 **5**번 내려갔습니다.

128쪽

1	**16**		**2**	**3번**

1

			27	**34**	**35**	**42**	**43**
				33	**36**	**41**	**44**
				32	**37**	**40**	**45**
					38	**39**	**46**

위의 그림과 같이 뒤에서부터 화살표 방향으로 생각해 보면 수가 **1**씩 작아지고 있습니다.
위의 그림에서 색칠한 부분이 있는 가로줄의 수를 규칙에 따라 써 가면

45 → **40** → **37** → **32** → **29** → **24** → **21** → **16**

5만큼 **3**만큼 **5**만큼 **3**만큼 **5**만큼 **3**만큼 **5**만큼
더 작은 수 더 작은 수 더 작은 수 더 작은 수 더 작은 수 더 작은 수 더 작은 수

이므로 구하는 답은 **16**입니다.

2 **10**과 **50** 사이의 수 중에서 **10**개씩 묶음의 수와 낱개의 수의 합이 **10**인 수는 **19**, **28**, **37**, **46** 이고, 이 중에서 **10**개씩 묶음의 수가 낱개의 수보다 **6**만큼 더 작은 수는 **28**이므로 ㉠은 **28**입니다.
10과 **50** 사이의 수 중에서 **10**개씩 묶음의 수가 낱개의 수보다 크고, **10**개씩 묶음의 수와 낱개의 수의 차가 **1**인 수는 **21**, **32**, **43**입니다. 이 중에서 **10**개씩 묶음의 수와 낱개의 수의 합이 **7**인 수는 **43**이므로 ㉡은 **43**입니다.
따라서 ㉠과 ㉡ 사이의 수를 모두 쓰면 **29**, **30**, **31**, **32**, **33**, **34**, **35**, **36**, **37**, **38**, **39**, **40**, **41**, **42**이므로 **2**는 모두 **3**번 쓰게 됩니다.

정답과
풀이